不合理な原子力の世界

行動科学と技術者倫理の視点で考える安全の新しい形

[著] 松井亮太　大場恭子

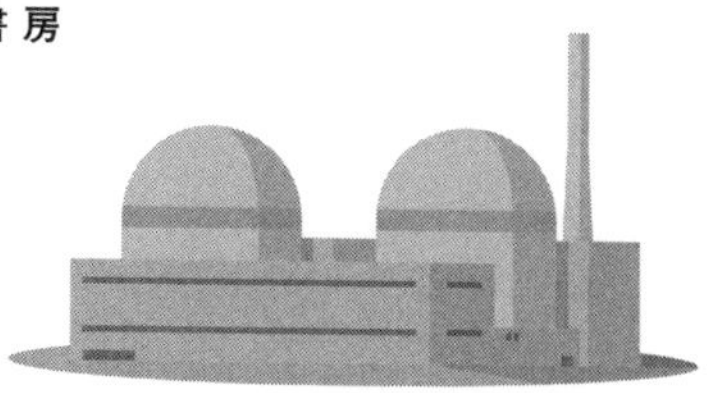

五月書房

目次

補章は大場恭子、それ以外は松井亮太がそれぞれ執筆しました。

はじめに

みなさんは「**原子力の世界**（原子力業界）」をどう見ていますか。２０１１年の福島第一原発事故（１Ｆ事故）の印象が強くて「**危険な世界**」という印象でしょうか。近年も街中で反原発運動を見かけたり、ニュースで原子力関係者の失態などを見聞きすることもあるので、良い印象を抱いている人は少ないかもしれません。この本を読んでいる今この瞬間も、日本各地の原発で大勢の人たちが24時間働いて多くの家庭に電力を供給しているのですが、原発は街中から離れた場所にあってトラブルを起こさない限りニュースにもならないので、多くの人にとっては日常生活で意識することがほとんどない「**縁の遠い世界**」でもあるでしょう。

本書は、一般の人々からあまり知られていない原子力の世界を行動科学（認知バイアスや人間心理など）の視点から分析するという一風変わった本です。私（松井）は、もともと原発で働いていた技術者なのですが、1F事故をきっかけに社会科学に関心を持つようになって、今は大学教員として行動科学（人間心理の実験など）の研究をしているという変わったキャリアを歩んできました（詳しくは2章をご覧ください）。

社会科学系の研究者にとって原子力の世界は「**非常に興味深い世界**」だと言えます。例えば、リスク認知の研究では原発が題材に使われることがよくあります。その理由は、リスクが高い上に社会的な論争になりやすいという特徴が原発にはあるからです。そのような特殊な技術である原発を題材にして研究することで、人間のリスク認知の本質的な部分を理解しやすくなります（コラム①参照）。

この本は「原子力」と「行動科学」という変わった組み合わせですが、幅広い読者層に読んでもらう価値のある本を目指したつもりです。

本書が想定している第一の読者は、原子力業界とは関わりを持っていないけれど、人間や組織の不合理な行動（認知バイアスや集団心理など）に関心のある一般の人々です。既に行動経済学や心理学などの本は日本でもたくさん出版されています。しかし、多くの本は学生などを対象にした「実験」に基づいて理論や現象を説明しているため、それらを読んでも「実験内容は興味深いけれど、実際の社会に当てはまるのだろうか」と疑問に感じる人は少なくないでしょう。本書でもいくつか紹介しますが、学生などを対象にした実験はかなり極端な環境で行われることが多いです。それは、余計な外乱を取り除いて人間が持つ本来の行動特性を明らかにするという点では優れているものの、現実離れした環境における実験参加者の行動と実社会の人間の行動は違うと感じるのも自然なことだと思います。実際、私も講義や講演などで欧米の実験結果について説明すると、「それは実際の日本人に当てはまるのですか?」と質問されることがあります。

それに対して、本書で扱う原子力の世界は「**極めて不合理なリアルの世界**」です。例えば、原発にバスで通勤する電力会社の社員がバスを待っている間にスマホを操作していると、それだけで地元住民からクレームが来て、さらに社内で注意喚起がされます。* このような不合理が当たり前の世界は、世界広しといえども原子力の世界くらいではないでしょうか。

---

* この話をするとかなり驚く人もいるのですが、複数の異なる電力会社で同じようなことが起きています。

原子力業界には他業界には見られないような驚くべき不合理が大小様々あります。その最たる例が1F事故前の安全神話でしょう。常識的に考えれば、「核反応という危険な技術を扱っている原発では大事故の可能性を想定して備えるべき」と考えるのが普通だと思います。しかし、多くの原子力関係者(電力会社やメーカーの技術者、研究者、官僚など)は「日本の原発で大事故は起こらない」と信じていたわけです。* それは部外者から見れば「愚かなこと」に思えるかもしれませんが、社会科学的に見れば「不思議な現象」とも言えるでしょう。なぜ日本の原子力関係者は、原子力技術のリスクを知りながらも、日本の原発で大事故は起こらないと信じてしまったのでしょうか。本書では、原発で技術者として働いていた私自身の経験に加えて、匿名を条件にインタビューに応じてくださった原子力関係者のリアルな考えを紹介しながら、安全神話という不合理が生まれたメカニズムの真相に迫ります。

原子力業界は非常に特殊な世界ですので、安全神話も特殊な要因によって生まれたと考えるのが自然です。社会科学の分野では、このような特殊な事例は「エ

＊ もちろん信じる度合いは人それぞれで、中には「数年内に大事故が起きる可能性があるので早期に安全対策を強化すべき」と考えていた原子力関係者もいるかもしれませんが、かなりのレアケースでしょう。

クストリームケース（極端な事例）」と呼ばれていて、理論構築や問題の本質を理解する上で優れた事例と考えられています（学問の発展に寄与するという意味です）。本書で扱う人間や組織の不合理は原子力業界の事例のみですが、原子力以外の世界でも程度の差はあれ同じような問題を抱えている場合が意外と多いので、エクストリームケースからの学びは原子力業界と関係のない様々な人にも役立つ部分はあるでしょう。本書で描写する不合理な原子力の世界を通じて、認知バイアスや人間心理などの現象をよりリアルな形で理解してもらえれば幸いです。

本書が想定している第二の読者は原子力関係者です。1F事故前、多くの原子力関係者が「日本の原発の安全性は世界最高水準」と信じていて「日本の原発で大事故は起きない」ということを自信満々に主張していたにもかかわらず、実際は世界最高水準の安全性ではなかった上に、世界でも類を見ない最悪レベルの重大事故を起こしたということは、部外者から批判されるまでもなく大きな問題でしょう。1F事故前の日本の原子力業界に安全神話が広く蔓延していたことについて異論のある人は少ないと思いますが、「なぜ多くの原子力関係者が安全神話に陥ったのか」ということはあまり解明されていないと私は考えています（少なくとも、私自身は長年疑問に思っていました）。

本書では、私自身の経験をもとに1人の原子力関係者が安全神話を信じた過程やメカニズムをリアルに描写しています（社会科学の分野ではオートエスノグラフィーと呼ばれます）。本書で分析する安全神話のメカニズムは「唯一の真実」を明らかにしたものではありません。その人の環境やパーソナリティなどによって安全神話に陥ったメカニズムは異なるでしょう。しかし、本書の分析を通じて「部分的な真実」にはある程度迫ることができたと考えています。安全神話が生まれた部分的な真実を理解することで、原子力関係者が再び安全神話に陥らないためのヒントが得られるはずです。

また、本書では認知バイアスや集団心理に関する代表的な理論および実験結果を紹介しています。詳しくは5章で述べますが、近年、セルフナッジと呼ばれる方法への関心が高まっていて、認知バイアスや集団心理の現象を理解することは、自分が望ましい行動をとる上で役に立つ可能性が高いです。本書ではいくつかのセルフナッジ策を提案していますので、それらを参考にして原子力関係者のみなさんが自分で望ましい行動をとるための方法を考えるきっかけになれば、原子力業界出身の行動科学研究者として、まさに望外の喜びです。

本書の構成は以下のとおりです。1章では、行動科学やナッジについて基本的な考え方を解説します。2章では、私自身が安全神話に陥ったプロセスをリアルな形で描写します。そして3章では、私自身の経験に加えてインタビューに協力してくださった人々の発言を引用しながら、安全神話が生まれたメカニズムを行動科学の視点から分析します。4章では、安全神話から離れて、原子力に関する社会的な問題を行動科学の視点で分析して、それらの問題を解消するための方法を考えます。5章では、行動科学の知見をうまく利用して、原子力関係者が望ましい行動をとるための方法（セルフナッジ策）をいくつか提案します。6章では、安全神話の根源を分析して、再び安全神話に陥らないために必要なことを考察します。それらの分析を踏まえて、7章では、原子力業界出身の行動科学研究者として思うことをいくつか述べます。補章では、私と一緒にインタビュー調査に取り組んでくださった長岡技術科学大学の大場恭子先生に、技術者倫理の視点から考察をしていただきます。巻末には、1F事故前の津波想定と重大事故対策の経緯についてまとめています（付録A、B）。

1章　行動科学とは

人は不合理、非論理、利己的です。それでも許しなさい。

（マザー・テレサ）

米国の経済学者リチャード・セイラーが2017年にノーベル経済学賞*を受賞して以来、行動経済学（behavioral economics）が社会的なブームになっています。一般に、行動経済学や認知心理学、社会心理学などを含む幅広い学問領域は「**行動科学**（behavioral science）」と呼ばれます。ここでいう「行動」とは、身体的な動きを伴う行動だけではなく、心の動きも含めたすべての人間活動を指します。

従来の学問（経済学や倫理学など）では合理的な人間を仮定して「理想的には人間はこうあるべき」ということを考えてきたのに対して、行動科学では「**実際**

＊ 正式名称はノーベル記念経済学スウェーデン国立銀行賞。

の人間」を研究対象としています。**実際の人間は、伝統的な経済学や倫理学が仮定するような合理的な人間とは程遠く、理論どおりの行動をしないケースが少なくありません。**例えば、伝統的な経済学では、人間は複数の選択肢からもっとも価値（効用）の高い選択肢を選ぶということを仮定しています。しかし、実際にコンビニで飲み物を買うときにすべての選択肢について考える人は稀であり、大半の人は直感で何となく飲みたいものを選びます。

　そのような直感に従った行動によって失敗する場合も当然あります。例えば、行動科学の分野では「**位置効果**（position effect）」と呼ばれる現象が知られています。現代人は横書きの文字を左から右へ読むことに慣れていますし、選択肢も左から順番にラベリングされることが一般的です（ＡＢＣなど）。そのため、目の前に並んでいる商品や選択肢も左から順番に眺めていって、最後に視界に入る右端のものを印象深く（好ましく）感じる傾向があります。[1]* この位置効果の影響によって、商品棚に並んでいる右側の商品を選んでしまうこともあるでしょう[3]（それが一番欲しい商品ではなかったとしても）。

＊ ただし、位置効果は状況に依存する現象であり、真ん中の選択肢を好む場合など様々なパターンが確認されています。［2］

人間が意思決定で失敗するのは、合理性では説明できない人間独自の要因（認知バイアスや人間心理）が作用している場合が多いので、行動科学分野の研究者は実験などでそれらの要因を検証したり、失敗の防止策を考えたりしています。行動科学分野では、コンピュータのように合理的かつ完璧に行動する人間を「**エコン**（econ）」と呼ぶのに対して、不合理な普通の人間を「**ヒューマン**（human）」と呼ぶことが多いので、以下ではこれらの用語を使用します。

図1は、ヨーロッパ諸国の臓器提供同意率を表しています（研究が発表された

図1　国別の臓器提供同意率

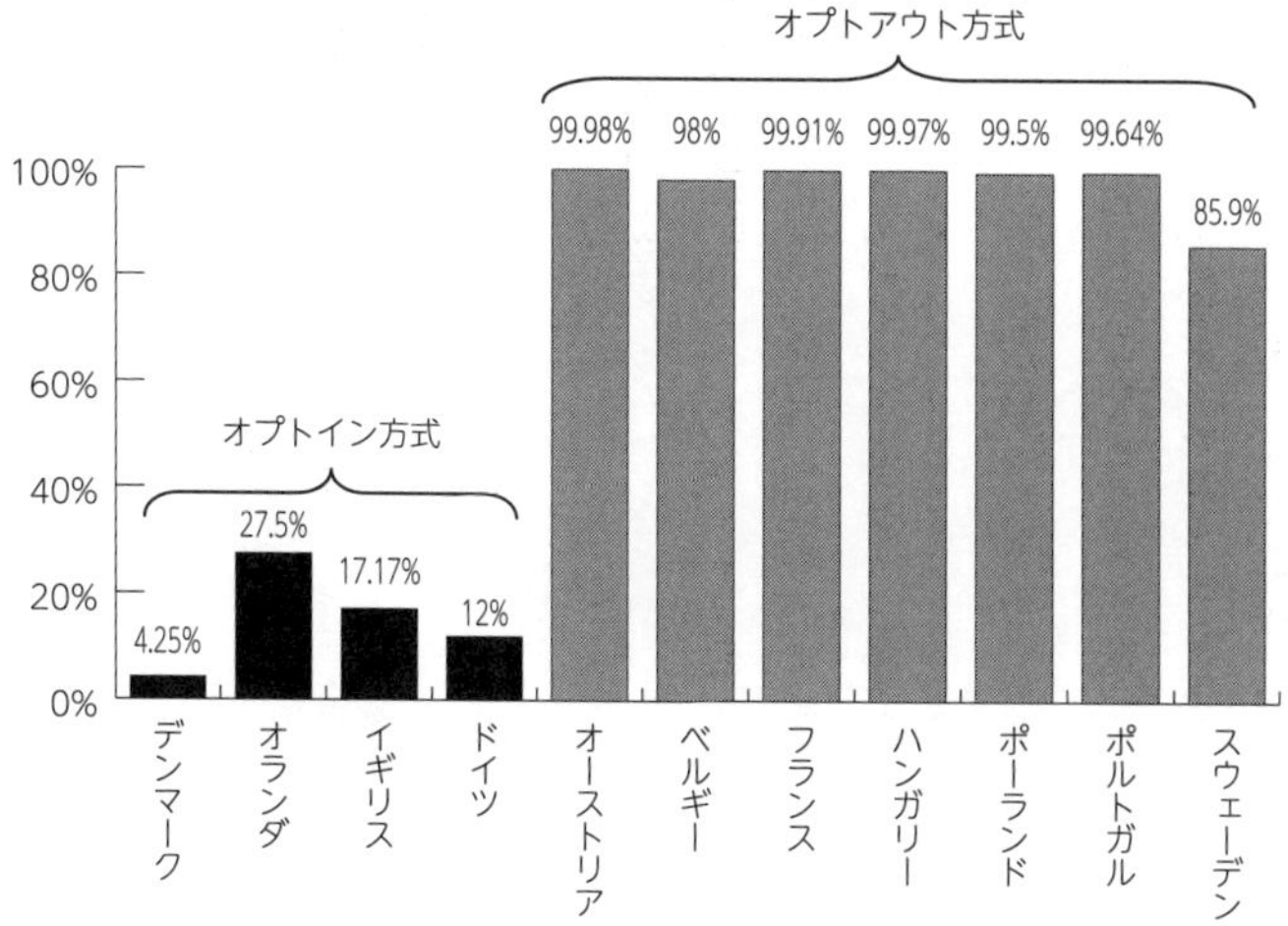

［出所］Johnson and Goldstein（2003）[4] を参考に作成

2003年当時のデータ）。非常に有名なグラフなので、見たことがある人も多いでしょう。黒塗りしている4か国とそれら以外の国では臓器提供同意率に大きな差があります。例えば、オーストリアは99％以上の国民が臓器提供に同意しているのに対して、デンマークで臓器提供に同意している国民は僅か4％です。このように国によって同意率が大きく異なるのは、国民性や宗教などの違いではなく同意の取り方が違うためです。

一般に同意の取得方法は、同意する場合にフォームにチェックしたり丸で囲む「**オプトイン方式**（opt-in）」と、同意しない場合にフォームにチェックしたり丸で囲む「**オプトアウト方式**（opt-out）」に分けられます（**図2**）。

デンマークなど同意率の低い国ではオプトイン方式が採用されていて、臓器提供の意思表示欄に何も書かれていない場合は「同意していない」とみなされます。それに対して、オーストリアなどほぼすべての国民が臓器提供に同意している国はオプトアウト方式を採用してい

図2　オプトインとオプトアウトの例

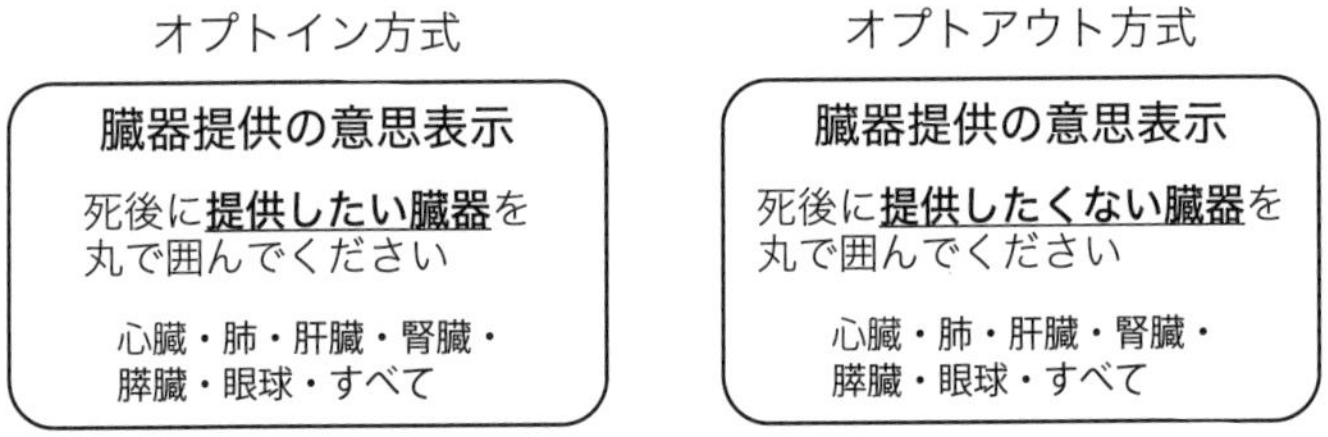
オプトイン方式
臓器提供の意思表示
死後に提供したい臓器を
丸で囲んでください
心臓・肺・肝臓・腎臓・
膵臓・眼球・すべて
オプトアウト方式
臓器提供の意思表示
死後に提供したくない臓器を
丸で囲んでください
心臓・肺・肝臓・腎臓・
膵臓・眼球・すべて

て、意思表示していない場合（すなわち、何も書かれていない場合）は「同意している」とみなされます。つまり、オプトイン方式ではデフォルト（初期設定）が「不同意」であるのに対して、オプトアウト方式ではデフォルトが「同意」となっていて、そのデフォルトの設定によって臓器提供同意率に大きな差が生じているのです。

この臓器提供同意率の研究結果から2つのことが言えます。第1に、**人間は不合理**＊だということです。[5] エコンであれば合理的に考えてもっとも望ましい選択をするはずなので、同意の取り方がオプトインでもオプトアウトでも意思決定は変わらないでしょう。しかし、ヒューマンは「何となくデフォルト（初期設定）がよい」もしくは「変更するのが面倒だ」と考えるので、オプトインとオプトアウトの違いによって驚くほど強い影響を受けます。

第2に、**人間の自由に任せれば、彼ら・彼女らが望ましい行動をとるとは限らない**ということです。例えば、2021年の世論調査[6]によると、日本人の39・5％が「自分が脳死と判定されれば臓器提供を希望する」と回答しているにもか

＊「不合理」という言葉には様々な定義がありますが、本書では「合理的な人間（エコン）は絶対にしないこと」という意味で使っています（「愚か」や「間違っている」という意味ではありません）。

かわらず、実際に意思表示している人は10・2%しかいませんでした（これには「臓器を提供しない」の意思表示も含まれます）。日本の運転免許証やマイナンバーカード等ではオプトイン方式（「臓器を提供しない」がデフォルト）になっているため、意思表示しない限り臓器提供を希望しているとはみなされません。* つまり、「臓器提供したい」と考えているのに意思表示欄に記入するのが面倒もしくは忘れていて空白のままになっている人も少なくないと予想されます。それは、臓器提供をしたいと考えている人と移植を受けたいと考えている人の双方にとって、決して望ましい状態とは言えないでしょう。

一般に、人間の行動や意思決定を望ましい方向に変えるためのアプローチとして3つ方法が使われます[7][8]（**図3**）。1つ目は「**強制**」です。具体的には、法的な規制により罰則を設けて特定の行動を禁止する方法を指します。2つ目は「**経済的インセンティブ**」です。これは、補助金や減税などを用いて特定の行動をとることが経済的なメリットになるようにするものです。そして3つ目は「**教育**」で、人々の価値観そのものを変えて、望ましい行動をとらせようとします。

＊ ただし、提供する臓器の種類の意思表示はオプトアウト方式になっています。

しかし、これら3つの方法はいずれも問題を抱えています。強制の場合は、選択の自由を行使したいと考える人間に重い負担をかけることになります。経済的インセンティブについては、政府や民間企業が使える資金に制限があることを考えれば、使用できる場面は非常に限られてしまいます。教育については、短期間で効果を期待するのは難しく、学校を卒業したすべての世代に対して教育することは現実的ではありません。

それらに対して、行動経済学でよく使われる「**ナッジ**」(Nudge：肘で軽くつつく)というアプローチは、従来の方法とは大きく異なり、人々の選択の自由を確保しつつ、高額な経済的

図3　従来の方法とナッジの違い

インセンティブを使うことなく、比較的短期間かつ少ない労力で人々の行動を大きく変えようとするものです。

ナッジの大きな特徴は、「認知バイアスや人間心理の影響によって望ましくない行動をしてしまうヒューマン」に対して、**認知バイアスや人間心理を利用することで、本人や社会にとって望ましい行動を促そうとします。**簡単に言えば、**人間の不合理を逆にうまく利用して、人々が幸せになれるように手助けする**ということです。

例えば、先ほど紹介した臓器提供の意思表示でオプトアウト方式を採用している国々は、「人間はデフォルトを選びやすい」という人間心理を利用して、多くの人が臓器移植を受けられる社会を実現しています。私が学生や社会人にアンケートしたところ、大半の人は「自分が脳死になった場合には臓器を提供し、自分が臓器移植を必要とした場合には移植が受けられる社会を望む」と回答しているので、臓器提供意思表示をオプトアウトにするのは、多くの人にとって望ましいナッジだと考えられます（もちろん、宗教等の理由で臓器提供に反対する人が否定されるべきではありませんが）。

5章では、このようなナッジの考え方を応用して、不合理な原子力関係者が望ましい行動をとりやすくするための方法をいくつか検討していきます。

本書のテーマである原発に限らず、社会や企業は現場で働く人々にエコンのような行動を求めているように感じることが少なくありません。例えば、作業現場では「安全最優先」という標語が掲示されたり、「ご安全に！」という掛け声が使われたりします。エコンであれば、それらの標語を見たり掛け声を聞くことで安全を最優先にできると思いますが、実際のヒューマンには期待されている程の効果はないかもしれません。

また、原発に限らず工場やインフラなどでトラブルが起きると、それが安全上大きな問題ではなかったとしても、社会から痛烈に批判されます。近年はソーシャルネットワーキングサービス（SNS）の普及に伴って他人を批判するのが以前よりも容易になっていることもあり、現代社会は人間が小さな失敗をすることすら許さないという雰囲気になりつつあります。

しかし、現場で働く人々は「完璧なエコン」ではなく「普通のヒューマン」だということを忘れてはならないでしょう。詳しくは6章で述べますが、普通のヒューマンに失敗しないことを求めるのは無理があり、社会がその現実を忘れてエコンのような完璧を求めても、望ましい結果は得られないと思います。

世の中には、企業倫理や作業安全に関する本がたくさんありますが、多くの本は現場の人々にエコンになることを求めているように私は感じます。もちろん、理想を追求することにも意義はあります。しかし、実際の現場の人々が不合理なヒューマンであることを忘れたような理想論に対して違和感を覚える人は少なくないでしょう。本書では、原発に関する問題を事例として、**行動科学の視点からヒューマンの不合理を前提として、彼ら・彼女らの不合理を利用して望ましい行動をとらせる方法や、不合理なヒューマンに対して社会がどのように向き合っていくべきか**を考えていきます。

次章では、1F事故前に原発で働いていた私自身の経験をもとに、不合理な1人のヒューマンが安全神話を信じるようになった過程をリアルに描写します。

コラム① 原発のリスク認知

リスク認知の研究として有名なのは、米国のリスク研究者ポール・スロビックの研究です。[9] この研究では、原発や遺伝子組み換え技術など30項目のリスクについて専門家と一般市民にランク付けさせたところ、専門家は統計的あるいは科学的情報に基づいてリスクを評価するのに対して、一般市民は「未知性」と「恐ろしさ」という2つの要因でリスクを評価する傾向が示されました。そして、その30項目の中で、専門家と一般市民のリスク認知にもっとも大きな差があったのが原発で、原発事故の恐ろしさが一般市民のリスク認知に強く影響していることが明らかとなりました。

この研究結果から、「**一般市民は原発のリスクを正しく認識できない**」と主張する人も少なくないのですが、私はその主張に対して必ずしも賛同できません。実際、日本の原発でメルトダウン（炉心損傷）が起きる統計的確率は一千万年から一億年に1回というリスク評価[10]になっていたにもかかわらず、日本で原発（商業炉）が発電を開始した1970年からわずか40年程度で3基の原発でメルトダウンが起きたという事実を深く受け止める必要があると思います。この事実だけを見れば、**事故の確率は極めて低いと主張していた専門家よりも、原発に恐怖を感じていた一般市民の方がリスクを正しく認識していた**とも言えるでしょう。

このスロビックの研究はリスク認知の分野で広く知られていますが、その後に米国の科学雑誌『サイエンス』に掲載されたスロビックの論文「Perception of risk（リスクの知覚）」[11]の中では以下のように述べられています。

「おそらく、この研究から得られたもっとも重要なメッセージは、**一般の人々の態度や知覚には、エラー（error）だけでなく、知恵（wisdom）も含まれている**ということである。一般の人々は危険に関する確かな情報を欠くこともある。しかし、彼らのリスクに対する基本的な捉え方は、専門家よりもはるかに豊かであり、専門家のリスク評価で見落とされやすい正当な懸念を反映している。」

専門家も「不合理なヒューマン」であることに変わりはないため、その能力には限界があります。一般に、専門家は自分たちのリスク評価に対して自信過剰すぎることが様々な研究によって明らかにされています。[12] また、専門家の予測や判断は、個人間で驚くほどのバラつき（ノイズ）があることも確認されています。[13]

米国の心理学者フィリップ・テトロックは膨大な数の専門家の予測精度を検証した結果、専門家の予測はまったくの期待外れであることが判明し、「**平均的な専門家の予測は、ダーツ投げをするチンパンジーとだいたい同じくらいの精度**」という皮肉的な言葉を残しています。[14]

現代社会において人類が直面するリスクの多くは不確実性が高く、その発生確率や影響度を正確に推定することはおよそ不可能です。一般に、そのようなリスクは様々な認知バイアス[15]によって過小評価される傾向があり、それは専門家にも当てはまります。

もちろん、専門家のリスク評価には合理的に安全対策を講じる上で大きな意義があるわけですが、**必ずしも専門家のリスク評価が市民のリスク認知よりも優れているとは言えない**でしょう。

2章　安全神話のエスノグラフィー

愚者は自分が賢いと考えるが、賢者は自分が愚かなことを知っている。

（ウィリアム・シェイクスピア）

1F事故が起きる前は、エネルギー資源の乏しい日本にとって、原発は重要な役割を担うエネルギー源として広く認識されていました。1F事故前（2010年）に行われた世論調査では、原子力の平和利用について「必要」が51・8%、「どちらかといえば必要」が27・8%で、国民の約8割が原発に対して肯定的な意見を持っていました[1]。

学生であった私もそれを信じて、将来は原発に関する仕事に携わって日本社会を支えたいと考えていたので、2007年から2009年まで大学院で原発の安

［補足］この章では、1F事故前後の筆者（松井）をリアルに表現するために、その頃の自分に戻ったつもりで当時の様子をありのまま記述しています。そのため、大学の研究者らしくない表現（例：すごい、超高級ゲーム機）が多くて見苦しいかもしれませんが、ご容赦ください。

全性を向上させるための研究をしていました。

　大学院当時の印象的な出来事として、夏休みのインターンシップで国内の原子力研究機関の研究プロジェクトに参加したことがありました。そのインターシップ期間中に、日本の原子力安全研究の第一人者から「**日本の原発の安全性は十分に高いので、これ以上、安全研究をする必要はないんです**」と言われたことをよく覚えています。これは、インターンシップ生たちの親睦会で私が他の学生たちと「自宅の裏に原発ができたらどう思うか」という議論をしていた時に、その権威から言われた言葉です。

　当時の私は知識の乏しいただの学生だったので、「こんなに偉い研究者が自信満々に言うのだから、それはきっと正しいのだろう」と思いました。むしろ、日本を代表するような権威から「原発の安全研究は必要ない」と言われたのに、自分は修士課程を修了するために原子力安全に関する実験をして修士論文を書かなければならないことに若干の戸惑いを感じていました。この出来事は私が安全神話を信じた最初のきっかけでした。

　ちなみに、大学院在学中にその権威とは別の研究者から「博士後期課程に進学して研究者にならないか」と誘われたことがあります。しかし、「安全研究をする必要がない」という状況で原子力安全の研究者になることに私は価値を見出せなかったので、その誘いは断りました。

その後、原子力安全に関する修士論文を何とか書き終えて、２００９年に日本国内の電力会社（東京電力ではありません）に就職して、希望どおり原子力部門の配属となりました。日本の電力会社では、大学院卒の技術者も最初の数年間は原発の現場で仕事をして、現場の知識を学んでから本社で技術開発やマネジメントなどの仕事に携わるのが一般的なキャリアです。私も入社してすぐに原発の運転員見習いとして現場に配属されました。

原発の現場に配属されて私が最初に驚いたことは、**現場で働く上司や先輩方が極めて優秀で、かつ、非常に熱心に仕事に取り組んでいた**ことです。これは身内贔屓《びいき》でもお世辞でもなくて、純粋にそう思いました。むしろ、それまでの私は（身の程も知らずに）自分の能力にかなり自信を持っていたのに、現場に配属されると何の役にも立たないことに大きなショックを受けていました。発電所の現場は高卒や高専卒の社員が多かったのですが、みんなが非常に優秀で尊敬できるような人ばかりだったので（もちろん、中には例外もいましたが）、学歴なんて何の役にも立たないということを痛感していました。

原発の現場はとても忙しくて、多くの人が夜遅くまで一生懸命に仕事をしていました（帰宅時間が深夜0時を過ぎることも当たり前のようにありました）。原子力部門には非常に優秀な人がたくさんいて、大勢の人たちが一生懸命に仕事をしているのだから、私は「**日本の原発で大事故が起きるはずがない**」という確信を強めていきました。

現場に配属されて驚いたもう1つのことは、**原発という技術の高度さ**です。原発の技術に関する社内資料を読んだり、現場で設備を操作することで、私はこれほど高度な技術システムを人間が生み出したことに驚きを隠せませんでした。

原発は非常に複雑な技術の巨大集合体です。細部にわたって様々な高度な技術が使われていて全体のシステムが見事に調和している原発という技術に対して、私は一種のアート作品のような美しさを感じていました（理系ならではの考え方かもしれません）。
大学院の頃は「原発の安全研究は必要ない」と言われて何を勉強すればいいのかわからない状況であったのとは対照的に、現場には学ぶべきことが無限にあって、私は日々一生懸命に学びながら現場で我武者羅に仕事をしていました。私はもともと勉強が好きなタイプだったので、新しいことを毎日学べる原発は私にとって理想的な職場でした。

新入社員の頃の私の印象的なエピソードとして、運転訓練シミュレーター施設で朝練をさせてもらったことがあります。運転訓練シミュレーターには発電所で実際に使われている操作盤と同じ設備があり、原発の起動操作や事故時の対応訓練などを行うことができます。私が勤務していた電力会社では、シミュレーター施設は発電所から離れた場所にあり、シミュレーター訓練を受けるのは年に数回だけでした。当時の私はシミュレーター訓練がとても好きで、シミュレーター訓練の出張をいつも楽しみにしていました。シミュレーター訓練の時間は限られており、いつも「もっと訓練がしたい」と思っていたのをよく覚えています。

ある日、私はシミュレーター訓練所のスタッフに「通常の訓練開始前に自主的な朝練をさせてほしい」と頼んだことがあって、スタッフはそれを渋々認めてくれました（今考えると、かなり非常識な頼み事だったと思います）。その際、あるスタッフから「シミュレーターはオモチャではない」と注意されたことをはっきりと記憶しています。確かに今振り返ってみると、当時の私はシミュレーター訓練をゲームのように思っていた感は否めません。実際に周囲からそのように見られていたから、私は注意されたのでしょう。

シミュレーターには大小様々な事故シナリオが用意されていて、例えばその1つに「放射性物質が発電所外に漏れる」という事故シナリオがあります（ただし、漏れる放射性物質の量は微々たるもので、1F事故のような大事故を想定したものではありません）。当時の私は、実際にそんな事故が起きるはずはないと思っていたのですが、シミュレーター訓練が超高級ゲーム機のように面白かったので、無理を言って朝練を頼み込むほどシミュレーター訓練にハマっていたのです。

ちなみに、朝練をお願いするほどシミュレーター訓練にのめり込んでいた私は、当時の原子力関係者の中では珍しい部類だったと思います（他に朝練を頼んだ人がいるという話を聞いたことがありません）。しかし、その朝練（当然ながら無給です）を同僚に呼びかけたところ、多くの人が参加したので、程度の差こそあれ朝練を希望するほどシミュレーター訓練が好きだった人は一定数いたと思われます。原子力に限らず様々な業界で技術者の訓練が行われていますが、無給の朝練を希望するほど訓練が面白い業界は稀でしょう。それほど原発では技術者が魅力的に感じる高度で複雑な技術が使用されているのです。

原発やそのシミュレーターは非常に高度な技術を多数用いた設備です。当時の私には自分では考えられないような専門的技術や工夫が至る所に採用されており、それらの高度な技術システムを学ぶことが技術者であった私には至福でした。そして、これほどすごい技術システムを作り上げた人たちが考えた原発であれば、どんなことが起きても大事故に至るはずがないと思っていました。当時の私は既存の原発を「完璧なシステム」だと思っていて、大学院時代に権威が「原発の安全研究は必要ない」と言っていた意味が身に染みて理解できました。

当時は多くの原子力関係者が「日本の原発の安全性は世界最高レベル」と言っ

ており、私もそれを信じて疑いませんでした。原発は極めて安全であり、エネルギー資源の乏しい日本は、原発を積極的に増やして利用するべきだと心底思っていました。

　マクロ的に見ても、当時の原子力推進政策上の最大のリスクは「日本の原発で事故が起きること」ではなくて、「安全管理の不十分な新興国（中国など）の原発で大事故が起きて、日本国内で原発に否定的な世論が増えること」だと認識されていたので、日本の優れた安全管理方法や高度な技術を新興国に開放して、新興国のエンジニアを教育するというプログラムが日本政府主導で行われていました。さらに、世界最高の安全性を誇る日本の原発を海外に輸出するという国家プロジェクトがあり、日本政府と電力会社がタッグを組んで積極的に売り込みをかけていました。

　私が勤めていた電力会社では、新しい原発を建設するという計画が水面下で進んでいたので、早くそのプロジェクトに参加したくて、私は一生懸命に働いていました。

それほど安全性が高いと信じていたのに、**実際は世界最高どころか、日本の原発の安全対策には致命的な穴がいくつもありました**（1F事故後、欧米諸国の取り組みを参考にした安全設備が日本中の原発で数多く追加されました）。

2011年3月に1F事故が起きて、自分の信じていたことが間違いだったと知って、私は心底驚きました。私のように非常に驚いた原子力関係者が多かったことはインタビューでも確認されています。例えば、ある原子力関係者は「**青天の霹靂《へきれき》**」と表現しました。青天の霹靂とは、「青く晴れわたった空に突然雷が鳴り響く」という意味で、まったく予期しなかった突然の出来事を表現する言葉ですが、まさに「**まったく予期しなかった大事故**」が突然起きたわけです。

日本の原発の安全性が実際には不十分であったのに、なぜ自分や他の原子力関係者は「日本の原発で大事故が起きることはない」と信じていたのか、当時の私にはまったく理解できませんでした。それは「青天の霹靂」のような驚きであると同時に、私にとっては「**不思議な現象**」でもありました。日本の原子力関係者が優秀であることは私の目から見ても明らかでしたし、彼らは一生懸命に仕事をしていて、安全を軽視していたわけでもないと私は考えていました。それほど優秀な人々が一生懸命に仕事をしていたにもかかわらず、実際の原発の安全対策には致命的な穴がいくつもあり、誰もそのことに気づかなかったという事実に私は疑問を抱き、その理由を知りたくなりました。

そこで、私は社会科学系の大学院に進学して、組織論や意思決定について学ぶようになりました（仕事を続けながら夜間の大学院コースに通いました）。大学院に進学した最初の動機は「日本の優秀な原子力関係者たちが安全神話に陥ったメカニズムを解明する」というもので、私自身が原子力業界を離れるつもりは微塵もありませんでした。ところが、行動科学（行動意思決定論）の研究が予想以上に面白かったので、途中から意思決定の研究者を目指すようになって、2020年に博士（経営学）の学位を取得して行動科学分野の大学教員になりました。大学教員になった後は原子力業界から完全に離れて、原子力とは直接関係しない経営学分野の教育や意思決定研究が仕事の中心になったのですが、それでも「自分も含めて日本の原子力関係者たちが安全神話に陥った不思議な現象」は常に頭の片隅にありました。

2021年に国の研究費*を取得したことで、その不思議な現象を解明するために様々な原子力関係者のインタビューを行うことができました。1F事故から10年以上経過しましたが、私自身が行動科学分野の研究に色々と取り組んだり、インタビューで様々な人から話を聞かせてもらう中で、その不思議な現象のメカニズムが少しずつ見えてきました。

次章では、その不思議な現象を説明するために適切と考えられる行動科学分野の先行研究や理論（認知バイアスや人間心理など）をいくつか解説しながら、原子力関係者が安全神話に陥ったメカニズムを分析していきます。

* 日本学術振興会科研費 JP21K14380「福島事故前の原子力関係者・地元関係者等のヒアリング調査を基にした質的データ分析」

コラム② エスノグラフィー

本書のように、人々をインタビューしたり自分の経験を回顧することで、社会問題を「人間の物語」として分析する研究アプローチは「**エスノグラフィー**」と呼ばれます。英語の ethnography という単語は、「民族（ethno）」と「書く（graphy）」という2つの言葉で構成されていて「民族に関する記述」という意味があります。[2] 古くは欧米の人類学者が植民地などの異文化で生活する人々を観察して分析するという研究が中心でしたが、近年は現代社会が抱える問題（例えば、ホームレスや限界集落など）を対象にした研究が主流になっています。2章で私が自分の経験をリアルに語ったように、研究者自身が自分の経験を分析するという方法は「**オートエスノグラフィー**（autoethnography）」と呼ばれます。[3]

3章以降では、もともと原子力関係者だった筆者が原子力関係者をインタビューして、その内容を分析しています。このように、研究対象となる人々と同じ文化を持つ研究者が分析を行うアプローチは**「ネイティブ・エスノグラフィー」**と呼ばれます。

　ネイティブ・エスノグラフィーのメリットは大きく2点あります。第1に、考え方やバックグラウンドが共通しているため、研究者とインタビュー対象者の間でラポール（信頼関係）を築きやすくなることです。自分たちの特殊な文化に好奇心を抱く部外者に根掘り葉掘り聞かれることは、あまり心地よいものではありません。それに対して、同じ文化出身の研究者であれば、部外者よりは親近感が持てて、リラックスして本音を話しやすくなります。私が行ったインタビューでは、最初に私自身が安全神話を信じていたことを説明して問題意識を共有した上で、インタビューを行いました。それが功を奏したのかわかりませんが、インタビュー協力者のみなさんは、かなり本音でご自身の考えをリアルに語ってくださったと感じています。そのおかげで、安全神話の部分的な真実に迫ることができたと考えています。

　第2のメリットは、部外者よりも当事者の方が問題の本質を理解しやすいことです。エスノグラフィーでは、暴走族やホームレスなどのいわゆる「マイノリティ」と呼ばれる人々を分析することが多いのですが、その人たちの考え方や悩みは当事者でなければ真の意味で理解できないでしょう。もちろん、客観的な立場から現象を分析するという点では部外者の研究者の方が適しているかもしれません（当事者は研究対象に対する思い入れが強いため）。しかし、部外者ではなく当事者でなければ理解できない問題も少なくないと考えられます。

本書で取り上げる安全神話の問題は、1F事故当時に原子力関係者ではなかった非ネイティブの人々（批評家やジャーナリストなど）が様々な批判をしています。それらの活動にも意義はあると思いますが、部外者だから言えるような後知恵的な批判も散見されます（ヒューマンには後知恵バイアス*というものが働きますし、部外者の人たちには安全神話の問題を深く理解するのはどうしても難しいので、ある意味では仕方のないことかもしれません）。そのような中で、本書のように当事者（ネイティブ）が分析することによって明らかにできる問題や読者に伝えられることもきっとあるでしょう。

---

* 一般に、人間にはもっともらしい筋書きを作り上げる能力が備わっていて、事後的な原因探しが大得意です。この能力によって、世の中のたいていの出来事は後知恵ですっきり説明できるので、事前には予測困難だった出来事でも事後的に「あれは予測可能だった／あれは避けられた」という錯覚に陥る現象は後知恵バイアスと呼ばれます。[4]

松井が勤めていた電力会社

一般に、オートエスノグラフィーでは研究者自身の経歴をすべて明らかにします。何一つ隠さずに記述することで、読者は研究者と同じ立場から問題を理解しやすくなるでしょう。

しかし、本書では私（松井）が最初に勤めた電力会社名を明示していません。私としては、電力会社名を明らかにしても特に問題はないのですが、本書では私の経験をあまりにもリアルに描写しているため、一部の読者がその電力会社に悪い印象を抱いたり、批判したりする可能性もゼロではないと思います。私としては、最初に勤めた電力会社には色々な面で感謝しているので、本書が予期せぬ形でその電力会社に迷惑をかけることは避けたいと考えています。そもそも私が勤めた電力会社がどこの電力会社だったかということは、本書の分析において重要ではありませんし、インタビュー対象者も特定の電力会社に偏っているわけではありませんので、電力会社名を明示しなくても特に問題はないと思います。

3章　安全神話の問題を行動科学で考える

賢い者は他人の失敗に学び、愚か者は自分の失敗からもほとんど学ばない。
（ベンジャミン・フランクリン）

この章では、筆者（松井）自身の経験に加えて、国の科研費で実施した原子力関係者のインタビューでの発言を引用しながら、日本の原子力関係者が安全神話を信じたメカニズムについて行動科学の視点から分析していきます。

インタビューの実施期間（2022年3月から2023年9月）は新型コロナウイルスのパンデミックと重なっていたため、すべてのインタビューをオンラインで行いました。インタビュー対象者には、本研究の目的を伝えた上で、匿名条件でインタビューに協力してもらいました。インタビュー協力者は、電力会社の社員、メーカーの技術者、大学の研究者、官僚など多岐にわたります。以下の分析では、1章で述べたように合理的な人間を「**エコン**」、実際の不合理な人間を「**ヒューマン**」と区別して呼びます。

(1) 権威への服従

行動科学分野の古典的な研究として米国の心理学者スタンレー・ミルグラムの**アイヒマン実験**が知られています。[1] アイヒマンとは、ナチスでユダヤ人虐殺(ホロコースト)に関わった責任者の1人です。この研究では、「**記憶と学習に関する実験**」という新聞広告を出して参加者を広く募集しました。そして、その広告を見て応募した実験参加者(ここでは「Aさん」と呼びます)が指定の部屋に来ると、そこには研究者ともう1人の応募者(Bさん)が待っています。研究者は灰色の実験着を着用していて、無表情で堅苦しい態度をしています。一方、Bさんは温厚そうで人から好かれそうなタイプのおじさんです。研究者によって、Aさんは教師役、Bさんは生徒役を割り当てられます。そして、Bさんは隣の部屋に移動してAさんから見えなくなります。そこで、研究者はAさんに実験の手順を説明します。大まかには、以下のような実験内容です。

・この実験では、罰が学習効率に与える影響を調べる。

・教師役のAさんは渡された問題を読み上げて、Bさんは隣の部屋でインターホン越しに解答する。

・Bさんが解答を間違えたら、Aさんは電撃発生器のレバーを操作して、Bさんに電気ショックを与える。

そして実験が始まると、Aさんは問題を読み上げて、Bさんが問題に解答していきます。Bさんが問題を間違えると、研究者はAさんに電気ショックを与えるよう指示します。Aさんがレバーを操作すると、隣室のBさんはインターホン越しに「痛い」などと声を上げます。間違いが増えるに伴って、研究者はAさんに電気ショックの電圧を上げるように指示します。すると、答えを間違ったBさんの声は大きくなり「この部屋から出してくれ!」「痛くて死にそうだ!」などと叫んで悶え苦しむのですが、研究者はAさんに実験を続けるように指示します。

実は、**このBさんは実験協力者（サクラ）であって、実際に電気ショックは流れておらず、痛がる演技をしていただけ**でした。この実験は、そのことを知らされていない実験参加者（Aさん）が、権威（研究者）の指示に従ってどこまで電圧を上げるか調べるものだったのです。読者のみなさんがこの実験の目的を知らずに参加していたら、途中で電気ショックを与えるのをやめるでしょうか、それとも研究者の指示に従って電圧を上げ続けるでしょうか。

実験は40人の一般人に対して行われました。* 事前の予想では実験参加者はそれほど電圧を上げないと考えられていましたが、**予想に反して実験参加者の65%（26人）が最大の電圧**（**450V**）**まで上げました**（450Vは命の危険があると電撃発生器に表示されていました）。別の実験では、Bさん（サクラ）は心臓疾患があるという設定にして、電気ショックを受けた後に「心臓の調子がおかしいので、ここから出してくれ！」と訴えて、絶叫に近い苦悶の叫びを上げても結果は同じでした。実験後に、実験参加者の性格診断テストを行ったところ、全員が心理学的にまったく正常で、精神疾患の兆候は一切見られませんでした。

* 最終的には、実験の条件を変えながら計780人の一般人が参加しました。

一連の実験を行ったミルグラムは、この現象を「**権威への服従**（obedience to authority）」として説明しています。* この実験は、倫理上の問題も含めて広範な議論を巻き起こしたのですが、権威に対して人間は驚くほど弱いということを示す1つの研究結果として受け止める必要があります。

ミルグラムの実験はかなり特殊な環境であるものの、一般論として、権威者は情報や権力を握っている場合が多いので、権威に服従することが必ずしも不合理な行動とは言えません。むしろ、専門知識で劣る一般市民は権威に従う方が理に適っているケースが多いでしょう。[2]

2章で述べたように、私は国内の原子力研究機関の権威に「日本の原発の安全性は十分に高いので、安全研究をする必要はない」と言われたことが、安全神話を信じた最初のきっかけでした。ミルグラムの実験でも示されているとおり、権威者から常識では考えられないような指示をされても従ってしまうのが普通の人間（ヒューマン）ですので、当時の私のような知識の乏しい学生が日本を代表する専門家から「原発で事故は起こらない」と言われれば、それを信じるのはある

---

* ナチス親衛隊の幹部だったアドルフ・アイヒマンは戦後の裁判で、大勢のユダヤ人を死に至らしめたことについて「私は上からの命令に従っただけだ」と主張しました。ミルグラムはこのアイヒマンの主張に疑問を抱き、それを検証するために服従実験を行ったのですが、結果として人間は権威に容易に服従することが示されました。

意味では当然だと思います（自分の行為を正当化しているわけではなく、ヒューマンとして普通の行動だったという意味です）。

1F事故前の日本では、多くの専門家（権威）が「原発で事故は起こらない」と主張していたので、専門知識の劣る電力会社の社員や官僚などが安全神話を信じたのもヒューマンとしては普通のことでしょう。むしろ、専門知識で劣る電力会社の社員や官僚が専門家に対して反論する方が、ヒューマンとしては普通ではないと思います。

このような「権威への服従」はマクロレベルでも見られました。例えば、1F事故前には**原子力安全委員会**という組織があって、日本を代表するような有識者が委員として任命されていました（5名の委員は国会の同意を得て内閣総理大臣が任命）。もともと日本にこの組織はなかったのですが、1978年に原子力に関する安全確保体制を強化するために新たに作られました。原子力安全委員会は委員の専門知識によって安全性を高めるという表向きの役割だけでなく、権威の肩書きの効力が期待されている部分もあったようです。

ある原子力関係者のインタビューでは、以下の発言がありました。*

「原子力安全委員会という、何ら決定権はないけれども学者の集まりの組織が、**一種の権威付け**って言ったら変ですけど、『**先生たちがこう言っています**』**っていうような報告を出して、その報告を受けて規制当局が電力会社に通知文を出す。**そういう構造でした。」

「原子力安全委員会は原発の安全管理をしっかりやっているというのを一般の人に見せたいという目的があって、ある人は安全委員会のことを『**神棚に祀《まつ》る**』と言っていました。だから、**そういう権威を使って、**『**原子力安全委員会がこう言ってるんです**』**というように、一般の人々に対して権威付けをしていたんです。**役所って諮問機関を権威付けに使うところがあるので、その諮問機関の権威付けをやり過ぎちゃったのかもしれないですね。」

「ある人は、安全委員会の委員が安全性に関して色々指摘をしてくると『**神**

---

* 本書におけるインタビューの引用文は、いずれもインタビュー協力者に原稿を確認していただき、同意を得た上で掲載しています。

様は、神棚の上でじっとしておいてほしい。神様が神棚の上で暴れるんじゃない』とも言っていました。そういうのが安全委員会に対する普通の認識だったんでしょうね。」

原子力安全委員会という日本を代表する権威の組織が作られて、その権威集団が原発の安全性を確認していたという事実は、原発の安全性向上に寄与した部分もあるでしょう。しかし、原発の安全性に対してお墨付きを与えて安全神話が強化されるという点でも一定の影響があったと考えられます。

（2）共有情報バイアス

「三人寄れば文殊の知恵」という諺《ことわざ》がありますが、必ずしも個人より集団の方が優れた意思決定をできるとは限りません。集団が意思決定を失敗するメカニズムの1つとして「**共有情報バイアス**（shared information bias）」が知られています。

一般に、個人が持っている情報というのは、人によって大きく異なります。そして、それぞれの個人が集まって議論をした場合、**全員が共有している情報**（共

有情報）ばかり議論されて、１人もしくは一部のメンバーしか持っていない情報（非共有情報）は議論されにくくなることが、これまでの研究で明らかにされています。

例えば、３人（Xさん、Yさん、Zさん）で構成される集団がプランAとプランBのいずれかを選ぶという場面を考えてみましょう（**図４**）。図中のA_1～A_4はプランAのポジティブ情報、B_1～B_3はプランBのポジティブ情報を表しています。それぞれのポジティブ情報の価値が等しいとした場合、ポジティブ情報の多いプランAが選ばれるべきです。

しかし、時間が限られているなど環境に制約がある場合、非共有情報（A_2・A_3・

図４　隠れたプロファイル

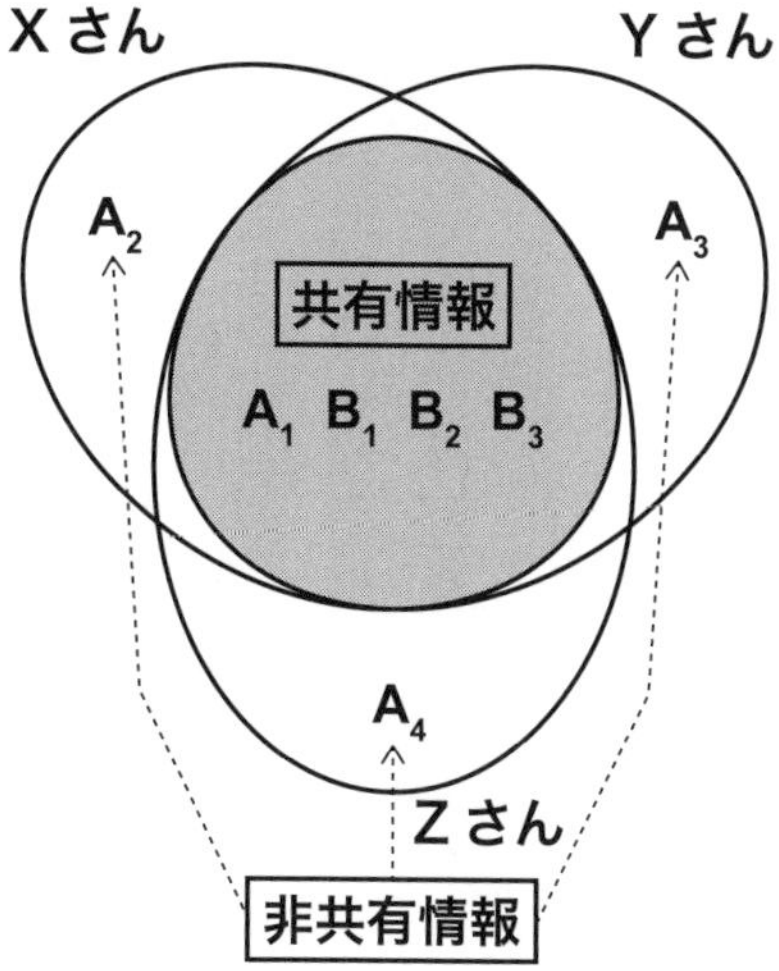

［出所］Stasser & Birchmeier（2003）[3] を参考に作成

A_4）は議論されず、共有情報（A_1・B_1・B_2・B_3）ばかり議論されて、プランBが選択されやすくなります。このように、本来であれば集団が到達できたはずなのに、到達できなかった理解や情報を「**隠れたプロファイル**（hidden profile）」と呼びます。

共有情報バイアスに関する実験として、米国の心理学者ステイサーとステュアートの実験が知られています。[4]この実験では、全情報を全メンバーに与えて議論させる「全情報共有条件」と、情報を共有情報と非共有情報に分けてメンバーに議論させる「隠れたプロファイル条件」を設定して、集団としての正答率を調べました。集団が議論する課題は、1つの正解を探す「解答

図5　全情報共有条件と隠れたプロファイル条件の正答率

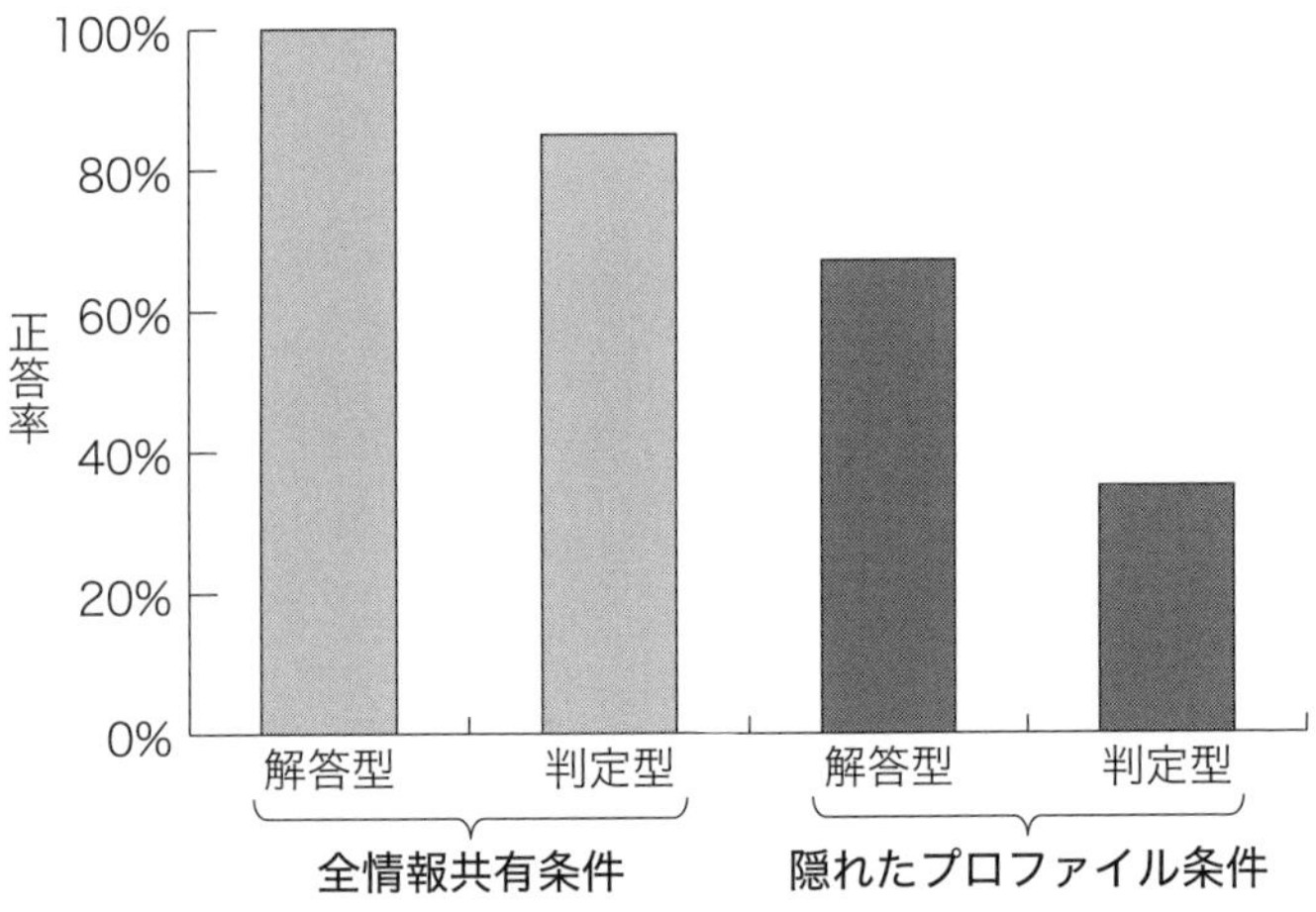

［出所］Stasser & Stewart（1992）［4］を参考に作成

型課題」と、それぞれの選択肢の可能性を評価させる「判定型課題」に分けられました。

図5に示すとおり、解答型課題と比べて判定型課題では、**隠れたプロファイル条件で正答率が大幅に下がる**ことが示されました。そして、各グループの議論の音声データを分析した結果、**隠れたプロファイル条件では、重要な非共有情報が十分に議論されていない**ことが明らかとなりました。

共有情報バイアス（隠れたプロファイル）が生じる理由は、大きく2つあります[5]。1つ目は単純に「**統計的な要因**」です。これは、多くのメンバーが持っている情報の方が集団討議で繰り返し話題になる確率は高くなることを意味します。

2つ目は「**心理的な要因**」です。他の人が持っていない情報の信頼性を証明するのは簡単ではありませんし、他のメンバーと異なる類の議論を主張すれば集団内で反感を買うリスクがあるので、特に地位の低い人は非共有情報を主張することに臆病になります。他のメンバーと違う意見を持っていても、何となく言い出しにくくて最後まで黙っていたという経験をしたことのある人は少なくないでしょう。一般に、共有情報に対する集団の関心は集団の規模に比例して強くなるため、集団が大規模であるほど共有情報バイアスの問題は大きくなります。

　原発は非常に高度で複雑な技術であるため、1人の人間がすべての問題を把握することはできません（いかに優秀な人でも個人が持てる知識には限界があるためです）。

　2章で私が現場に配属されて、周囲で働く上司や先輩方が優秀であることに驚いたと述べました。当然ながら、私が直接知ることのできる原子力関係者の数は限られているのですが、そのような優秀な人々が集まって「原子力業界」という巨大な集団を形成すれば、穴の無い面のような状態になると私は考えていました（**図6a**）。そのため、私が発電所

図6　事故前の想像と実際の状態

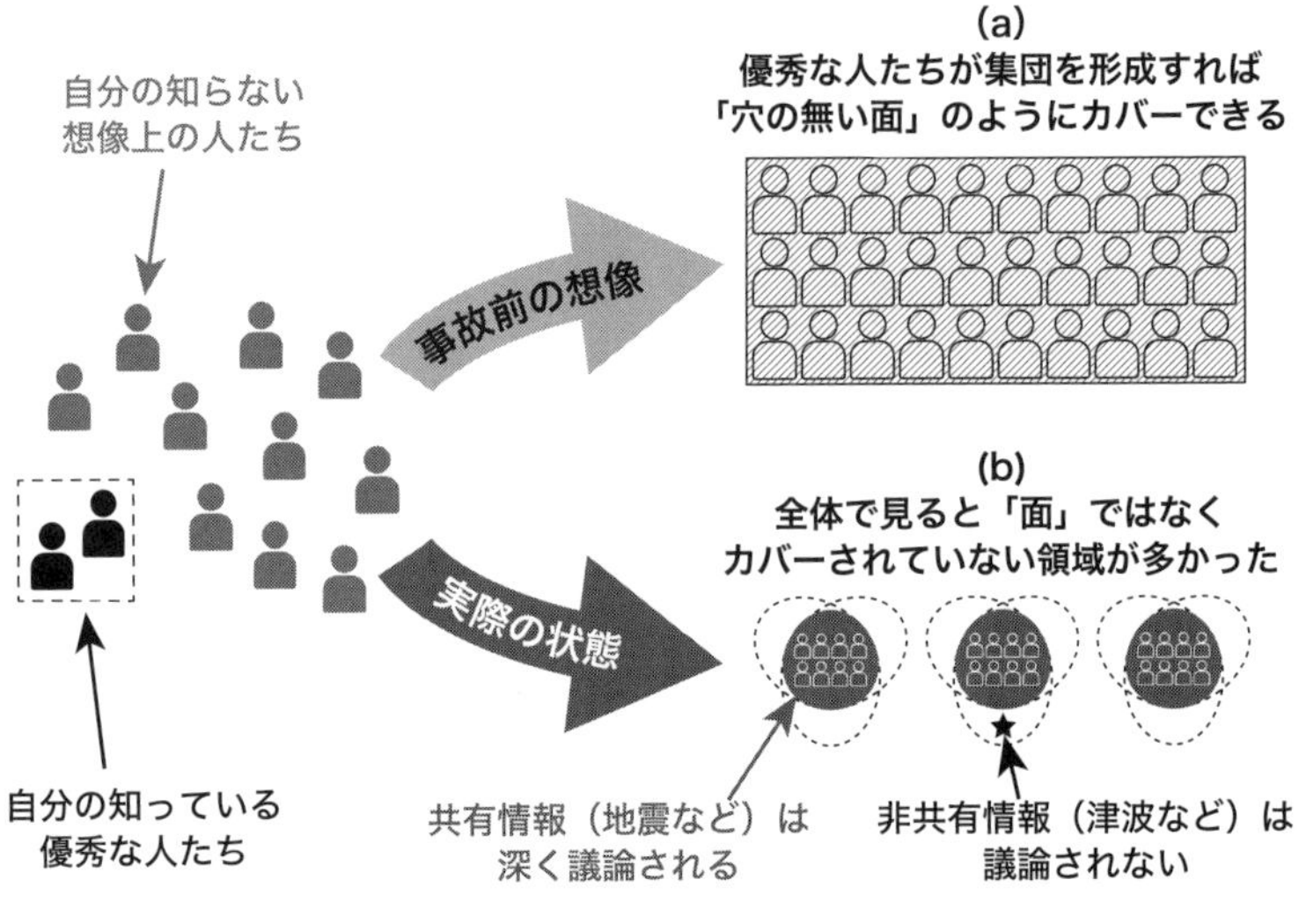

自分の知らない
想像上の人たち
自分の知っている
優秀な人たち
事故前の想像
実際の状態
(a)
優秀な人たちが集団を形成すれば
「穴の無い面」のようにカバーできる
(b)
全体で見ると「面」ではなく
カバーされていない領域が多かった
共有情報（地震など）は
深く議論される
非共有情報（津波など）は
議論されない

で働いていた時は身のまわりの一部の人しか知らないにもかかわらず、日本全体ではリスクが網羅的に検討されて必要な対策がしっかり講じられているという状態を勝手に想像していたのです。

ところが、実際に原子力業界で行われていた議論や対策の範囲にはいくつもの穴があり、地震や品質保証など多くの人が情報を共有している問題（共有情報）は徹底的に議論されていたのですが、**津波などの非共有情報はほとんど議論されず、対策も不十分な状態でした**（図6b）。実際、東京電力や規制当局の一部の人は1Fに巨大津波が襲来する可能性を津波の専門家から指摘されていたものの、十分な議論や対策が行われないまま3・11を迎えてしまいました（付録A参照）。

共有情報バイアスは津波だけでなく、様々なところに作用していたと考えられます。1つの事例として、原発のテロ対策があります。2001年の同時多発テロ以降、米国の原発ではテロ対策が進められていて、同様の対策が日本の原発でも講じられていれば1F事故の被害は大幅に緩和できた可能性があると考えられています。[6] 1F事故前、米国の原発のテロ対策に関する「B・5・b」*と呼ばれ

＊ 2001年に米国で発生した9.11同時多発テロを受けて、米国の規制当局（NRC）が発出した原発のテロ対策。

る機密情報が米国の規制当局から日本の規制当局のごく一部の人に伝わっていたのですが、**日本では特に議論されることもないまま3・11を迎えました。**

原発の安全評価に関する仕事をしていた電力会社の社員は、インタビューで以下のように述べていました。

「B・5・bは完全に油断していたところでしたね。油断していたというか情報が遮断されていたので、我々も入手しようがなかったんですけども。言い訳するわけでもないですが、**B・5・bのことは完全に知らなかったんですよ。**我々がたぶんそんな情報持ってたら、当時のマインドで言うと、『ま、これはやらなくていいよね』とか『やんなきゃいけないよね』みたいな選別はしたかもしれないですけれども、少なくともそういう評価をした上で、この対策はする必要がないとか、あるいはちゃんと対策としてやっていこうみたいな判断は、恐らく私のグループを通過してやるはずなんです、その情報が入っていれば。だから情報が来ていなかったと私は思ってるんですね。ここは嘘偽《うそいつわ》りなく。**B・5・bの話は、私も事故の後に聞い**

て、『え、こんなことアメリカでやってたのか』って結構ショックを受けたので。」

（3）確実性効果

みなさんは、以下の問題1と問題2で、選択肢A・Bのどちらを選びたいと思いますか？*

［問題1］
選択肢A：61％の確率で5万2千円もらえる。
選択肢B：63％の確率で5万円もらえる。

［問題2］
選択肢A：98％の確率で5万2千円もらえる。
選択肢B：100％の確率で5万円もらえる。

＊ ダニエル・カーネマンの著書『ファスト＆スロー』[7]の問題文を参考に作成。

私が実施したインターネット調査*で問題1と問題2を順番に回答してもらったところ、**問題1ではAとBを選ぶ人が半々でほぼ均等でしたが、その後の問題2では約8割の人がBを選びました**（問題1でAを選んだ人のうち、3人中2人が問題2でBを選びました）。しかし、これは論理的な誤りと言えます。2つの問題を比べたとき、問題2は問題1よりも2つの選択肢の確率が37%ずつ高くなっているだけです。従って、問題1でAを選ぶ人は、問題2でもAを選ぶ方が合理的ということになります（期待値を計算してもAの方が望ましいです）。著名な経済学者でも同様の傾向が確認されていて、この類の問題を考案したフランスの経済学者モーリス・アレの名に因んで「**アレのパラドックス**[8]」と呼ばれています。

行動科学分野では、この現象は「**確実性効果**（certainty effect）[9]」として説明されます。確実性効果とは、人間は「不確実なことの価値」と比べて「確実なことの価値」を不合理なほど過大に評価する心理特性のことです。問題1と2では、お金がもらえる確率の差はいずれも2%に過ぎません。ところが、問題1の2%（=63%−61%）と問題2の2%（=100%−98%）の心理的価値はまったく異なり、**問題2の選択肢B（100%）の価値がはるかに高く感じられます。**

---

* 日本国内に居住する30代から50代の男女169名を対象として2023年に実施。

実際、これまでの様々な研究によって、人間は「利得の確率が100％であること」もしくは「損失の確率が0％であること」を過度に求める傾向が明らかにされています。その結果、**人間は不合理なほどに「失敗が絶対に起こらないこと」を望んでしまうのです。**

日本の原子力業界の大きな特徴として、「**新しい技術に消極的**」ということがあります（1F事故前は特に）。新しい技術を導入するとコストがかかるので、営利企業が消極的になるのは当然に思えるかもしれません。しかし、原子力業界の場合はその傾向が顕著であり、日本で電力自由化が行われた2000年より前は、電力会社は資金的に余裕があったにもかかわらず、新しい技術の導入には極めて消極的でした。

このような原子力業界の体質は、先ほど紹介した確実性効果（不合理なほど確実性を望むこと）によって説明が可能と考えられます。原子力に限らず、新しい技術を導入すれば、何らかの初期トラブルは避けられません。通常は、それらの初期トラブルを改善しながら新技術が普及していくのですが、**原子力業界では原**

子力関係者と社会の双方が「確実にトラブルがないこと」（すなわち、ゼロリスク）*を強く求めたため、安全性を高めるための新技術が使えるようになっても、それらを利用しようとしませんでした。

ある原子力関係者はインタビューで以下のように述べています。

「**無謬**《むびゅう》という言葉がありますね。間違いが許されないという意味です。原子力の技術は工学に基づいているわけだから、当然、機械は壊れるし、人間は間違います。設計の時は、それに対応して設計されるわけですが、**原発を運用したり、社会に向かって説明する時は、無謬性を追及するあまり設計の大前提になっているエラーでさえ起こりえない、起こっちゃいけないという感覚になっていたと思います。**」

「新しい技術を導入すると初期トラブルが起きるわけですけれど、**原子力の場合はその初期トラブルが社会から叩かれる要因になります。**だから、『今、うまくいっていれば、それでいい。変えるメリットがない』という

* 確実性効果によって不合理にゼロリスクを求める人間心理は「ゼロリスクバイアス」や「ゼロリスク効果」とも呼ばれます。[10] [11]

考え方があったのだと思います。初期トラブルは大きな事故に繋がらなければ、それは歓迎されるべきなのに、原子力ではそれさえ許さないという空気になっていたから、**とにかく何も新しいことを始めたくないと。**」

1F事故後の2012年、日本に新しい規制組織（原子力規制委員会と原子力規制庁）が作られ、世界でもっとも厳しいと言われる安全規制が行われています。* 今回実施したインタビューでは、**現在の規制のあり方について、事故前と比べて良くなったという意見もあれば、変わっていない（悪くなった）という意見もあり、人によって見方は大きく異なりました。**事故前と比べて良くなった部分は、事故は起きるという前提のもと、規制側が主体的かつ真剣に安全規制について考えるようになったことです。一方で変わっていない部分は、**安全規制に無謬（完璧）を求めるあまり、現状の安全基準や安全対策を否定したり変えたりすることが難しい**という点です。

現在の安全規制について、複数の原子力関係者から以下の発言がありました。

＊ 原子力規制委員会の初代委員長である田中俊一氏は2013年6月19日、新規制基準について「世界一厳しい基準」と発言しました。

「今の規制のままだと、また安全神話みたいな世界に戻っていくんじゃないかなという気は多少していますね。新しい安全基準は、かなりの仕事に忙殺されて作り上げました。規制の人たちは、安全基準が不十分という理由で裁判に負けることを恐れているので、裁判に負けないようにロジック（論理）を作っています。要は、**過去に作ったロジックが１００％正しいという世界になっていて、それをビタ一文変えるようなことが起きると、規制側にとって大変なことになっちゃうんで、過去の安全基準を変えさせないというか、あまり変更しないような対策しか打てなくなっていくんです。**前に作ったものが正しいという考え方と、それを良しとする文化というのは、１Ｆ事故後の今もまだ残っているような気がします。」

「規制側は国としてやってるんで、訴訟っていうのを非常に恐れてますね。**やっぱり役人である以上は、今でも無謬神話っていうのは維持しなきゃいけない。**訴訟で負けるわけにはいかない。そうでないと行政が止まっちゃうんで。そういう観点で、規制側に無駄、無理、無茶をおっしゃる方々がいることはちょっと残念かなっていう気はします。」

「**規制は法律に基づいて行政をやってるわけなんで、過ちがあってはいけないんですよ。今の規制基準は間違ってるってことを、規制側は言っちゃいけないことになってるんですよね。**原子力に限らず、役人が法の執行をする上で無謬性を求められるのは法治国家として当然で、それは仕方のないことだと思いますが、僕は間違っていることは言えばいいと思ってるんです。今は技術的にわかっているのはこれだけなので、これでいいんだよって、けつをまくればいいと思うんですけど、やっぱりそれは言っちゃいけないことになってるんですよ。それでも、今の原子力規制庁はバックフィットルール*を作ったり、訴訟を受けて規制基準も修正するので、その点は結構良くなってきています。」

このような無謬を求める傾向は、新技術の導入を阻害しただけでなく、原子力関係者が地元住民に「**事故は絶対起こらない**」と説明していたことにも影響を及

＊ 安全に関する新しい知見が得られたら、それを規制に反映させる仕組み。

ぼしていたと考えらます。そして、1F事故によって安全神話が崩壊したわけですが、「社会に対して事故の可能性（つまり、無謬ではないこと）を説明できない」という状況は今もあまり変わっていないようです。

インタビューでは以下の発言がありました。

「1F事故前だと、電力会社の人たちっていうのは、地元に『絶対に事故は起こしません』って言いまくっていたわけですよね。そう言った以上、そういう行動を取らないといけないんですよね。今まで言ってきたことを正当化しないといけないですからね。**事故は絶対起こらないと言っている以上、それを正当化するためには、事故が起こるって話は全部たたきつぶすしかない。**みんながそう考えるようになっていったんじゃないですかね。」

「**ゼロリスクを求める一般社会やマスコミに対して、リスクがあると言い出せない原子力業界がいわゆる安全神話を作り上げたと思っています。**つまり安全神話は原子力業界と一般社会との相互作用によるもの。以前、シビアアクシデント（重大事故）の研究をしていたとき、電力会社の人たちは、シビアアクシデント研究をしていることをあまり言って欲しくないような雰囲気でした。なぜなら、そういう研究をするということは、そういう事故が起こり得ることを意味し、一般の人は、そういう事故が起こり得ることを知れば、原子力に反対するだろうと恐れていたからです。こういうことの積み重ねで安全神話が作り出されたと思います。」

「**今も、地元自治体に対して事故の可能性は説明できないですね。**『事故は起きません』というよりも、『何とかします』という説明ですね。結局、原発を運転するには地元了解が必要なので、『こういうことなので大丈夫です』という説明をしていて、**たぶん昔とあまり変わっていないですよね。**1F事故でもそうなんですが、『騙された』みたいなことを地元の人が言うわけですね。『東電の人は、そんなことは起きないと言っていた』みたいな。その点は今も変わっていないと思います。もし、うちの発電所で1

Fみたいなことが起こったら、地元の人々は騙されたと感じる。結局、騙した騙されたはわからないですけど、加害者と被害者で言い分が異なるのは、原発の問題に限ったことではないと思います。**実際は『そこは説明していなかっただけです』ってことになるんじゃないですか。**」

「どうしても『わからないこと』ってあるじゃないですか。**わからないことは言わないだけです。自分から『ここわからないんです』とは言いません。言わないのは、それを言い出したらたぶんキリがないからです。**例えば、自社が持っている知識をすべてさらけ出すかっていうと、そんな時間もありませんし、相手もそんなことを聞く覚悟というか、キャパ（能力）もないと思うので、とりあえず両者が合意できるレベルの話を持っていくというのが、地元自治体との向き合い方かなと思っています。」

「（質問：1F事故前の安全神話は今も続いているのですか？）英語的に答えを言うと『ノー』ですね。以前とは変わってますね。ただ、政治というのは、やっぱり技術的に正しいことを声高に叫べばいいってものではないと思います。そういう意味で、**安全神話は若干残っているとは思います。**だから、うちの会社がプラントの再稼働をする時、地元の知事からは『絶対安全と言え』という話をされましたね。そういう意味では、安全神話が残っていないかというと残っていますけども、**1F事故前ほどの盲目的な安全神話がなければ原子力はやれないんだっていうほど愚かしい国民ではなくなったのかなとは思います。**」

確実性効果（すなわち、無謬を求めること）は、「新しい技術が導入できない」や「事故の可能性を説明できない」というマクロ的な問題だけでなく、現場で働く人々に対してミクロ的な問題も生み出していると考えられます。

私自身の経験で述べると、1F事故前の現場で働いていた時は、かなりの緊張感を持って仕事をしていました。その緊張感は何から生じていたかを今振り返ってみると、「原発で事故が起きたら大変な被害が出る」というものではなく、「小さなミスでも注意されると面倒なことになる」という緊張感だったと思います。

例えば、原発には規制当局から派遣された安全監視員がいて、常日頃から現場の監視をしています。彼らは、安全性の本質的な問題よりも、書類の記載ミスや現場の物品保管状況などに対して指摘をするケースが多々ありました。そのため、私が現場で工事管理をしていた時は、現場に掲示している物品保管期限など事務的なミスがないことに細心の注意を払っていました。原子力業界以外の人にはイメージしづらいかもしれませんが、安全上重要ではないミス（例えば、書類の記載漏れ）でも、国や地元自治体から指摘されると、顛末《てんまつ》書や再発防止策などの仕事が一気に増えて、本当に大変なことになるのです。

このような本質的なところからズレた安全管理は、1F事故後の現在も続いているようです（1F事故から10年経過しても、いまだに不合理なことを続けているという実態を知って、私も驚きました）。

インタビューでは、ある電力会社の社員から以下の発言がありました。

「昨年（2021年）、国の検査対応をしたことがあるんです。その時に来た規制庁（原発の規制当局）の検査官は、**安全上問題ないかという視点**

のチェックよりも、揚げ足取りみたいなところが多々ありました。例えば、調達プロセスの説明を求められて社内の規定を見せたら、『実際のメール文書を見せて』とか言われて、メールのやり取りに規定と異なる点があったら『この規定どおりにやっていないじゃないか』とか言われました。実運用として問題ないことを説明しても、『いや、この記載どおりにできていない』と指摘されて、揚げ足取りというか、非常に細かい部分を見ることだけに時間を費やしていました。**こんなことに時間を費やすから、日本の原子力が遅れていくんだと思いました。**」

「規制の人たちは何か固定観念というか、凝り固まった考え方があるような気がしています。もっと柔軟というか、物事の軽重をつけて判断すればいいのにという思いはあるんですが、マニュアル主義じゃないですけど、何か非常に凝り固まっている原理主義みたいなものを感じたりします。**何でこんなどうでもいいじゃないですけど、こういうことばっかりに時間を取るのかなっという思いはあります。日本人としてすごく損している、日**

本は損しているんじゃないかとか思ったりしますね。」

メールのやり取りのような非常に細かいところまで検査されるというのは、現在の原子力業界においても珍しいことではないようです。別の電力会社の人も「**まったく同じ経験をしている**」と言いながら、以下の話をしてくれました。

「課題を整理する際などに用いる『○○フロー図』というのがあって、社内のマニュアルにも載っています。実務では、それとまったく同じ様式や名前でなくとも、同じ目的で用いるフロー図とかも当然あります。なんですけど、そういうのを提出すると、規制側から『○○フロー図ってこれに書いてないですよね？』とか、そういう形式的な議論が実際にあって、『いやいや、これは○○フロー図という名前ではないですが、それと同じ内容なんですよ』と説明しても、『同じって、どこが同じなんですか？』とか言われます。**中身ではなく、表面的、形式的な話で本当に何日間も費やしたりしますからね。」**

図7は、原子力関係者が無謬を求めるあまり、安全上重要ではない問題ばかりにリソース（時間や労力）を奪われてしまう状況を表しています。「**ハインリッヒの法則**[12]」（1件の重大事故の裏には29件の軽微な事故と300件の怪我に至らない事故がある）でも知られるとおり、一般に工学分野では、重大な問題の発生頻度は低くて、軽度な問題の発生頻度が高くなります（必ずしもそうなるわけではありません）。

日本の原発の場合は他業界では考えられないレベルで完璧（無謬）が求められたので、軽度で高頻度な問題が起こらないように大量のリソースが投入されてきました（**図7**

図7　問題の重要度と頻度の関係

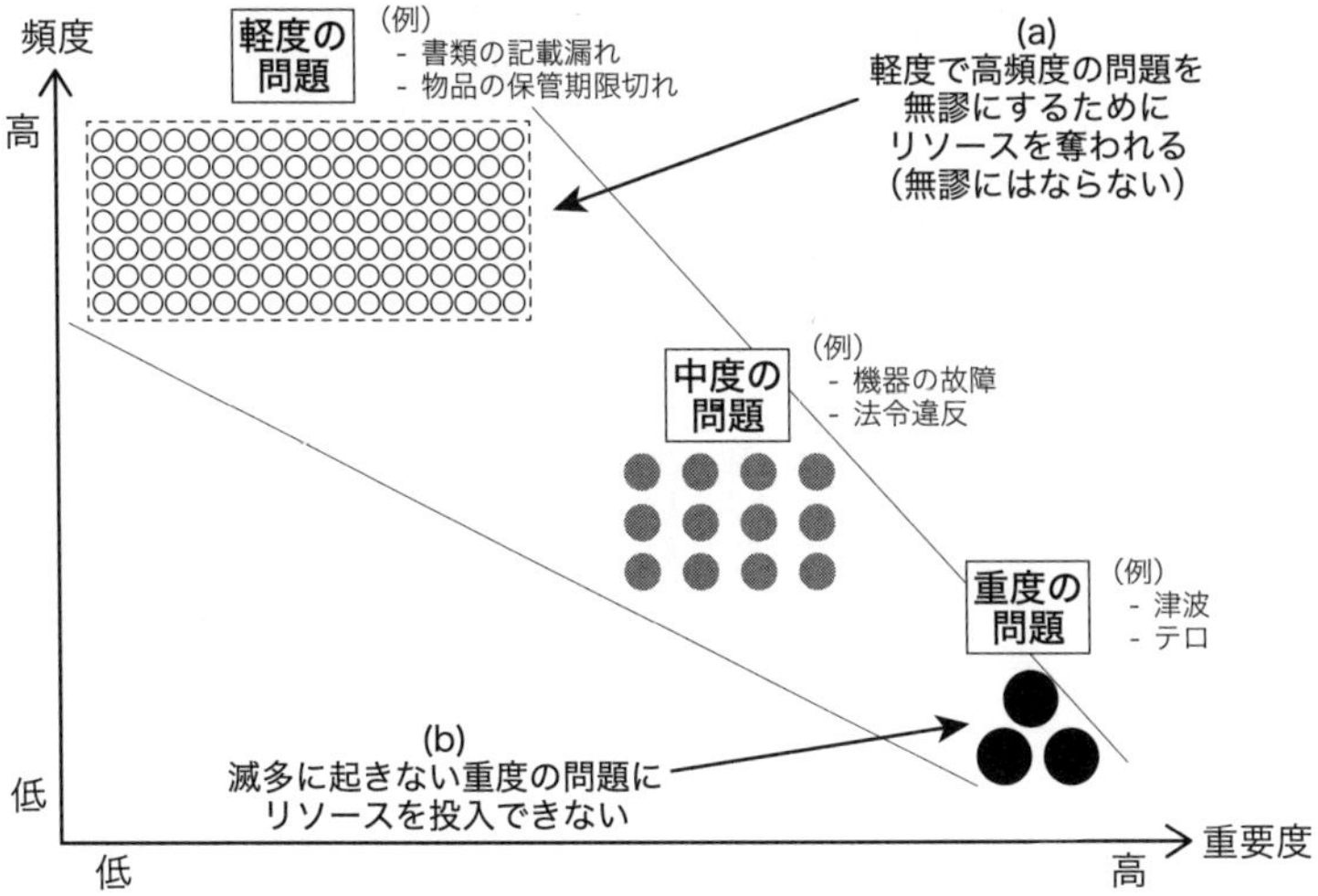

a)。例えば、書類の記載ミスがないように複数の人が目を皿にしてチェックしたり、電力会社の社員がマニュアルどおりにメールを送信しているか規制当局が検査するなどです。

そのような安全上軽度な問題は頻度が多いので、どれほどリソースを投入してもゼロ（無謬）にはなりません。私も同僚と一緒に提出書類に不備がないか夜中まで何度も確認していましたが、それでも誤記などが指摘されたときは、本当にがっかりしたことをよく覚えています。発電所の現場にいながらも、書類の記載内容の確認に忙殺されて、ほとんど現場に行く時間がないという本末転倒な状態だったこともあります（私の能力不足も否めませんが）。

なぜそれほどまで書類の記載ミスなどを恐れるかというと、国などの検査官がそれらの軽度な失敗を発見すると、鬼の首を取ったかのように指摘して、その対応や再発防止にまたリソースを奪われるという負のスパイラルに陥るためです。

そして、組織のリソースは限られているので、**軽度で高頻度の問題に大量のリソースを投入した結果、津波やテロなど滅多に起きない重度の問題にはリソースが投入できない**という状態になってしまいます（**図7b**）。この背景には、「**ヒュー**

マンは軽度で高頻度の失敗をゼロにすることはできない」という現実を忘れて、規制当局と電力会社の双方が無謬を目指すことに根源的な問題があると考えられます。

（4）システム正当化

世界の歴史を振り返ると、現代では考えられないような不合理な制度（社会システム）がいくつもあります。例えば、南アフリカのアパルトヘイトは四十年以上、欧米諸国の奴隷制度は四百年間も続いていました。現代社会においてもジェンダー格差や人種差別などの不合理（不道徳）は様々なところで見られますが、これまでの研究によって、「**人間は驚くほどに既存のシステムを支持し、正当化しようと動機づけられる**」ということがわかっています。

このような人間の行動特性を理論化したのが、米国の心理学者ジョン・ジョストが提唱する「**システム正当化理論**（system justification theory）」です[13]。ここで「システム」とは、人間の存在や行動に影響を及ぼす様々な社会環境という広い概念を意味しています。

システム正当化理論の研究によって、既存の社会システムの不道徳によって利益を得る人だけでなく、不利益を被っている人ですら、既存のシステムを正当化しようとすることが明らかにされています。例えば、アパルトヘイト廃止後の南アフリカで行われた調査では、家事労働をしていた黒人女性たちは、給料の支払いが不十分であるとか、白人に搾取されているとは思っておらず、白人に雇われることを幸運だと考える傾向が確認されました。[14]

このように、人間は自分が不利益を被るようなシステムでも、それを正当化して受け入れようとします。その理由は、**システムを正当化することで心理的安寧《あんねい》を得るため**だと考えられています。[15] つまり、既存のシステムが不平等な社会を生み出すものだとしても、それを正当化してしまえば、社会の現状について思い悩まなくてよくなり、心理的な安らぎが得られるということです。実際に、人間はシステムを正当化すると幸福感が高まることが確認されています。[16]

カナダの心理学者クリスティン・ローレンは、システム正当化理論の観点から、社会システムが変化する前後の人々の反応を調べました[17]。調査の結果、米国・サンフランシスコ市のペットボトル販売禁止条例（２０１４年）とカナダ・オンタリオ州の喫煙禁止法（２０１５年）のいずれにおいても、法令や条例が施行される直前と比べて、施行された直後になると新法や新条例に対して肯定的な意見が増えることが確認されました。

また同研究では、２０１６年の米国大統領選に関しても調査を行っています。この調査では、選挙直後の２０１６年12月初旬（Ｔ１）、２０１７年1月の大統領就任式の前週（Ｔ２）、および、大統領就任式の翌週（Ｔ３）の3回にわたって、トランプ大統領に対する米国人の感情を調べました。分析の結果、Ｔ１とＴ２ではトランプ大統領に対する感情に変化はなかったのですが、大統領就任式の翌週（Ｔ３）になるとポジティブな感情を持つ人が急に増えることが示されました（トランプ大統領の支持者と非支持者の両方）。

これらの研究結果から、社会の変化を予期するだけでなく、それが現実になることは、人間が社会システムを正当化する上で重要な心理的トリガー（引き金）になると考えられています。このように、**人間は望んでいないシステムであった**

としても、そのシステムが現実化すれば驚くほど正当化して順応することができます。

システム正当化理論は様々なテーマで研究が行われてきました。その1つに「気候変動」をテーマにした研究があります。[18] この研究では、大学生を「システム依存条件」と「システム依存なし条件」に分けて実験が行われました。システム依存条件の実験参加者は「自分たちの生活の質は社会システム（政府の政策）に強く依存している」という説明文を読むのに対して、システム依存なし条件の実験参加者は「自分たちの生活の質は社会システム（政府の政策）にほとんど依存していない」という説明文を読みました。その後、両条件の実験参加者は、気候変動人為説を支持する主張と懐疑的主張の両方が含まれる新聞記事を読み、気候変動に関するいくつかの質問に回答しました。分析の結果、システム依存条件の大学生は、気候変動人為説を裏付ける科学的データを懐疑的に記憶する傾向が明らかになりました。

別の実験では、実験参加者のシステム正当化傾向を事前質問で調べた上で、気候変動人為説と気候変動懐疑論の両方が含まれる動画を視聴させて、いくつかの質問に回答させせました。実験の結果、システム正当化傾向の強い人は気候変動に対して懐疑的な意見を強めることが示されました。

これらの理由は、システム正当化傾向の強い人は「既存のシステムを正当化したい」という強い動機が働いて、既存のシステムを変えなくて済む情報（つまり、気候変動懐疑論）を信じやすくなるためと考えられています。

これまでの研究によって、システム正当化は以下の**4つの要因**によって起こりやすくなることがわかっています。[14]
（a）そのシステムが批判されたり、脅かされているとき。
（b）そのシステムが不可避で逃れられないものだと認識しているとき。
（c）そのシステムが伝統的で長期にわたると知覚しているとき。
（d）個人がそのシステムに対して無力で依存的であると感じているとき。

それでは、システム正当化の視点から安全神話の問題を考えてみましょう。発電所の規模や時期によって異なりますが、1つの原発の敷地内では数百人から数千人が働くという巨大なシステムになっています。そこでは、電力会社の社員だけでなく、関係会社や売店の人など様々な人が日々仕事をしています。そのような巨大なシステムが普通に存在しているのを目にすると、「**このシステムは正当である**」と無意識に感じるようになる可能性は高いでしょう。

ある電力会社の社員は以下のように発言していました。

「やっぱり入社したときに、先輩の運転員の人とか職場の人たちから『事故なんか起きるわけねえだろ』とかいうことを聞いちゃうと、もう最初の一言目で結構刷り込まれちゃうかもしんないですね。『**本当に事故が起きるのなら、あんなに若い姉ちゃんとか売店のおばちゃんも含めて、女の子が働くような職場じゃねえだろ**』みたいなことを言われて、**そりゃそうだよなって思っちゃった。**新入社員のときに、こんだけ色んな年代の人や性別の人が働いてるってことは、まあそんな過酷な職場ではないんだろう

＊1 1986年4月26日に旧ソビエト連邦（現：ウクライナ）のチェルノブイリ原発で起きた事故。特殊な実験を行っている最中に、原子炉の出力が急上昇して爆発や火災が起こり、大量の放射性物質が外部に放出されました。近隣の地域だけでなく、遠く離れた東欧や北欧まで放射能が拡散しました。

なって、感覚的にはそこは刷り込まれちゃったかもしれないですね。そんな要素が相まって、『まあ事故なんて起きないよな』って思っちゃってたところはあるかもしんないですね。」

1F事故前の日本の原子力関係者は、様々なところでチェルノブイリ事故[*1]について学んでいました（私も新入社員教育でチェルノブイリ事故の原因や被害について何度か教わりました）。それにもかかわらず、「日本の原発で大事故は起こらない」という考えに不思議なほど囚われていました。

インタビューでは以下の発言がありました。

「チェルノブイリの事故については、当時、多くの人が論評を書いていますけど、その時の日本は、**『いや、日本には格納容器があるし、チェルノブイリは炉型が悪かった[*2]』という理解で、私なんかは切り捨てて考えていました。**あのとき、もう少しチェルノブイリから学んでおけばよかったと、今はそういうふうに思います。」

＊2 チェルノブイリ原発は、黒鉛減速軽水冷却沸騰水型炉（RBMK）と呼ばれる原子炉のタイプで、日本の原発と仕組みが大きく異なりました。さらに、放射性物質の拡散を防止する格納容器がありませんでした。

「チェルノブイリは、やはり設備や設計が違うんだ、国が違うんだ。だからもう違うところをどうしようもないよね。じゃあ、**日本ではどうかっていうと、設計も違うし国の文化も違うし、体制含めて違うからそういう事故は起こらないだろうっていうのが私自身の考えで、もうそこで想像を打ち切っているわけですよね。**チェルノブイリの事故後にウクライナでやっていた事故対応について日本でどれだけ本当に勉強しようとか、そういうことが日本でも起きると本気で考えていたかというと、私は大きな瑕疵《かし》があると思いますね。」

「日本ではそういう大きな事故は起こらないという思い込みがあったと思うんです。外国で事故が起こっても、日本では安全管理をきちっとやっているので、安全管理上のミスというのはないだろうと思い込んでしまった。チェルノブイリの事故があったとき、『あれは炉型が違うし、安全文化で日本はきちっと安全にやっている』と。要するに、**外国で事故が起こったりすると、それと比較して日本と外国の違うところを挙げて、『だから日**

本では、これは起こらない』と。そういう考えがあったんだと思うんですけどね。今にして思うと、そうではなかったんですが。」

また、1990年代以降に世界では原発の安全評価に確率論的リスク評価（Probabilistic Risk Assessment：PRA）*が取り入れられて、発生確率の低い重大事故の対策が進められていたのですが、この点で日本は遅れてしまいます（付録B参照）。この問題に関して、インタビューでは以下の発言がありました。

「日本がどうだったかというと、確かにPRAやシビアアクシデント（重大事故）対策というのは取り組んでいました。だけど、どこか自分たちには『いや、こんなもん必要ないんだ』と。PRAは世界的な流れへのお付き合いというようなところがあって、**自分たち日本は、これまでやってきたやり方で十分いいパフォーマンスができているし、これを続けていけば大丈夫なんだ**というような感覚があったんじゃないかな、というような気がします。」

＊ 発生し得る事故（発生確率の低い重大事故も含む）を対象として、発生確率と影響の大きさからリスクを定量的に評価する方法。

「PRAなんてのは計算の上では事故リスクが出るかもしれないけれど、実際にそんなものあるわけないよと。建前論と実際が混同しちゃって、そういう考え方になってたんじゃないかなと思います。」

さらに、2007年に発生した中越沖地震で東京電力の柏崎刈羽原発では、設計時の想定を大幅に超える揺れ*を観測し、変圧器の火災などのトラブルが起こりました。しかし、それでも原子力関係者は原発の安全性に疑問を抱くことはなく、むしろ原発の安全性は高いという確信を強めるようになりました。

東京電力のある社員は以下のように述べています。

「中越沖地震が起こったときに、これは柏崎が被災したものでしたけれども、それでも原子炉はスクラム（自動停止）して冷温停止まで持っていけたという意味で言うと、色々な被害は出たものの、きちんと安全機能が働いて、『ああ、完全に収束してるじゃん』と。『**こんだけ馬鹿でかい地震が**

＊ 想定される地震（基準地震動）に対して、1～4号機で約2.3～3.8倍、5～7号機で1.2～1.7倍の揺れが観測されました。

来ても安全に止まってるから大丈夫じゃん』という中途半端な成功体験ができちゃったかもしんないなって思います。『何があっても原子炉はスクラムして、そこから冷却に入って安全に収束できるよね』という1つの安心感に逆になっちゃったかもしれないですね。」

このようにチェルノブイリ事故を知りながらも炉型（原発の種類）や文化が違うという理由で「日本で大事故は起こらない」と考えたことや、中越沖地震によって柏崎刈羽原発で色々な被害が出ても「日本の原発の安全性は高い」と考えたことは、楽観主義バイアス[*1]や自信過剰バイアス[*2]などでも説明は可能だと思いますが、「システム正当化」での説明がもっとも自然だと私は考えています。その理由は、先に示したシステム正当化の4つの要因が、当時の原子力関係者に強く作用していたと考えられるためです。

具体的には、（a）被爆国の日本は原発の黎明《れいめい》期に過激な原発反対運動を経験していました。また、（b）原子力関係者には「エネルギー資源の少ない日本は原発を使うしかない」という強い気持ちがありました。今回のインタビューでも

---

*1 人間は、起こり得るリスクについて過度に楽観的になる傾向があります。[19]
*2 人間は、自分の知識や考え方の正しさを過大評価したり、自分の能力を実際以上に高いと思い込む傾向があります。[20][21]

「1F事故は起きたが、日本に原発を使わないという選択肢は無い」と考えている人が何人もいました。さらに、(c)原子力技術は1940年代から世界で使われてきた長年の実績があり、「原発は完成された技術」という考え方が主流でした。最後に、(d)電力会社では入社時に原子力部門に配属された後は、基本的に定年までずっと原発の仕事に携わることになるので、原発というシステムに対する個人的な依存度は非常に強いです。

これらの要因が重なって、チェルノブイリ事故などが起きても、「日本の原発(既存のシステム)は正当である」と多くの人が思い込んだものと私は分析しています。

システム正当化理論の優れた点は、**人や組織が不合理な考え方を受け入れてしまう現象をうまく説明できる**ところにあります。[14] 現代社会に生きる私たちは、かつて欧米諸国で行われていた奴隷制度が不道徳であることを簡単に理解できるでしょう。しかし、それは当時の人たちより現代人の方が道徳的であるとか、賢いということを意味するものではないと思われます。

システム正当化理論の視点で考えると、当時の人たちと私たちの大きな違いは、

「**システムの内部から見るか、外部から見るか**」という点です。システムの内部にいて、そのシステムに依存している限り、システムを正当化したいという強力な動機が働きます。おそらく私たちが当時の時代に生きていたら、大多数の人たちと同じように奴隷制度に疑問を抱かず正当化していた可能性は高いと思います。それと同様に、日本の原子力関係者が「日本で大事故は起こらない」と考えていたのは、「彼ら・彼女らが愚かだった」ということではなく、「**システムの内部にいて、システムに強く依存していたので、既存システムを正当化したいと動機づけられていた**」と考えるのが自然でしょう。

システム正当化理論の研究結果が私たちに教えてくれるのは、「**システムの外の人間でなければ気づけない問題がある**」ということです。かつて欧米諸国の人々が奴隷制度の道徳的な問題に気づけなかったのと同じように、原発のシステムに依存している原子力関係者にはどうしても気づけない問題があるでしょう。この点は、コラム①で紹介したスロビックの指摘「一般の人々の態度や知覚には、エラー（error）だけでなく、知恵（wisdom）も含まれている」[22]という考え方と重なる部分があります。リスク認知に関して、専門家と一般市民のどちらが優れているということは一概に言えませんが、システム外の人でなければ認知できないリスクや問題が存在することは確かでしょう。

原子力関係者の中には「一般市民は原発のリスクを正しく認知できない」と考えている人も少なくありません。しかし、システム正当化理論の観点から考えると、**システム内の原子力関係者も原発のリスクを正しく認知できない可能性があります**。従って、一般市民のリスク認知を切り捨てて原子力関係者だけで考えるのではなく、システム外にいる一般市民の知恵をうまく取り入れるという謙虚な姿勢で、社会とリスクコミュニケーションをしていくことが必要でしょう。

1F事故後のシステム正当化

システム正当化の現象（つまり、自分たちがやっていることは正しいと思う傾向）は、1F事故後の東京電力にも見られるようです。ある人は以下の話をしてくれました。

「東電も、事故を起こした直後は非常に意識が変わったと地元の人々は見ていたんですけど、残念ながら最近は、**『以前の東電よりも、もっとひどくなった』**という声がどんどん増えているんです。地元の人からそのように言われるということは、本当の意味での意識改革ではなくて、単なる組織改革だったのかなと感じざるを得ないところはあります。あれだけの事故を起こして、強制的に日々の生活を奪ってしまった地域に対する思いを忘れちゃいけないと思いますね。」

「震災前、協力企業や周辺の商売をやっている飲食店等の関係者を含めると、もうほとんどの地元の人たちが原発に関する仕事で飯を食っていたんですよ。ですから地域の人たちは、やっぱり東電が殿様で殿様には逆らっちゃいけないという感じになっていました。1F事故が起きた後、東電は『一生懸命賠償します、事故対応もしっかりやります、復興に関わる色々なお手伝いもします』ということで会社を挙げて福島に対するいろんな協力姿勢を示してきました。しかし、それが12年過ぎて以前のような『**この地域を支えているのは俺たちだ**』っていう殿様気分の社員が増えてきたように思います。今までの10年は何だったのかと感じている人が地元に増えているのが残念ですね。事故当時は東電も反省したと思うんですよ、きっと。でもそれを半ば忘れている人たちが増えてきちゃっているのを地元の人たちは敏感に感じているんだと思います。」

「廃炉に必要と説明すればものすごい金が付くんですよね、今でも。実質つぶれた会社である東京電力も廃炉に関わる設備がこれだけ必要と言えば何をおいてもその金が付く。そして、その金で動いている人たち、つまり東電社員も協力企業も、**『発電で儲ける時代から、今度は廃炉で儲ける時代がただ来ただけ』**というふうに思う人もだんだん増えてきたのかなという感じがしています。そして、食える廃炉ビジネスを仕切っているのは東電です。だから東電にお願いして一緒にそこに入って飯を食わしてもらいたいという環境ができちゃってるんですね。これがまた以前の構図と似通ってきています。**事故のことは関係なく廃炉ですり寄ってくれれば一緒に食わしてやるよっていう東電の驕《おご》りに繋がってるんじゃないかと思いますね。」**

「ちょっと話がそれますけど、ＪＡＬ（日本航空）の御巣鷹山事故の伝承施設[*1]が羽田にあって、事故の残骸や乗客メモなどを展示しています。東電も福島に伝承館[*2]という施設を作って姿勢は示していますけど、**魂が宿《やど》ってないというのが正直な印象ですね。**ＪＡＬと東電で違うところは、『**事故に形だけ向き合っていれば、飯が食っていける**』ということだと思います。東電社員も、廃炉に関わる他企業も、廃炉作業をしていればビジネスが成り立っちゃうんで、そこはもうＪＡＬとまったく違いますよね。原子力の場合は、廃炉に関わることが自分たちの生きる道になります。」

このように近年は、地元に対する東京電力の姿勢が１Ｆ事故前よりも悪化しているという意見もあるようです。この事実だけを見れば、東京電力を批判したくなるかもしれません。しかし、ここには原子力業界の抱えるもっと深い問題が潜んでいるように思います。

原発と廃炉ビジネスに共通するのは、多くの原子力関係者が「**日本社会にとっ**

＊1　日本航空安全啓発センター（羽田空港）
＊2　東日本大震災・原子力災害伝承館（福島県双葉町で 2020 年 9 月開館）

て絶対に不可欠なもの」と強く認識している点です。つまり、エネルギー資源の少ない日本で原発を使わなければ社会の人々が困り、東京電力が廃炉作業を放り出したら社会の人々は困るという認識があります。これらはシステム正当化の4要因のうち「(b)そのシステムが不可避で逃れられないものだと認識しているとき」に該当します。

1F事故に限らず、日本の原子力業界では様々な事故や不祥事を経験してきましたが、それでも原子力関係者があまり変わらないのは、**「原発は日本社会に対して不可欠なもの」という認識が非常に強いため、反省よりもシステム正当化の気持ちの方が優ってしまう**ことに原因があるのかもしれません。つまり、失敗が起きたら一時的には反省するのですが、しばらくすると「(過去の失敗も含めて)自分たちのやっていることは正当である」と思い込むようになる可能性が考えられます。

このようなシステム正当化の問題は、原子力業界に限ったことではないでしょう。世の中の様々な業界で働いている人々は「自分たちの仕事(システム)は社会に必要なもの」と認識しているはずです。そのため、事故や不祥事が起きても反省は一時的なものに留まり、しばらくするとシステムを正当化して、反省の気持ちが薄れていく可能性が考えられます。

原子力業界に限らず、組織が事故や不祥事を繰り返してしまう原因の1つは、システム正当化によって過去の過ちを忘れてしまうことにあるのかもしれません。

1F事故のような大きな事故を起こしても、10年経つと反省を忘れて自分たちに対して驕るようになることについて、驚きや呆れを感じる人もいるでしょう。しかし、この事実は「**人や組織が変わること**」「**失敗を反省すること**」「**失敗の教訓を未来に伝えること**」**がどれほど難しいのかを物語っている**ように思います。組織の体制を見直したり、伝承のための施設を作るなどの活動には、もちろん意義があるでしょう。しかし、それらの活動だけで本当に必要な変化や反省、継承などを実現するのは難しいのかもしれません。1F事故から私たちが学ぶべき1つの重要な事実は、そのような人間や組織の不合理さだと言えます。

(5) 知識の錯覚

みなさんは以下の3つの質問をされたら、それぞれどのように答えますか?

(a) 水洗トイレの仕組みをどれくらい理解しているか、7段階評価(1:まったく理解していない~7:とてもよく理解している)で答えてください。

(b) では、実際に水洗トイレの仕組みを、できるだけ詳細に説明してください。

(c) 最後にもう一度、あなたは水洗トイレの仕組みをどれくらい理解しているか、7段階評価で答えてください。

実際に米国の大学生を対象にして行われた実験では、水洗トイレだけでなくファスナーやミシンなど様々な題材が使われたのですが、ほぼ全員の実験参加者は(a)で回答したほどの知識を持っていないことに(b)の質問で気づき、(c)の段階では最初より評価を下げました。さらに実験後に行われたアンケートで、多くの人は「**自分が当初思っていたほど知らないことに本当に驚いた**」と報告しています。[23] この実験結果から、人間は「**自分が思っているほど知らないことが多い**」ということが言えるでしょう。このような現象は「**知識の錯覚**（knowledge illusion）[24]」と呼ばれます。*

別の研究では、インターネット検索が知識の錯覚に及ぼす影響を調べています。[26] この研究では実験参加者を2つのグループに分けました。両グループの実験参加者は、最初に「ファスナーの仕組み」や「ゴルフボールにくぼみがある理由」などの知識を尋ねられるのですが、グループAの人たちにはそれらの知識についてインターネット検索を使って詳細に調べてもらいました。他方、グループBの人たちは外部の情報を一切使わずに回答しました。その後、両グループの実験参加者は、先ほどの問題とはまったく関係ない分野の問題について、どれくらい詳しく知っているかを尋ねられます。例えば「竜巻はどのようにして発生するのか」や「科学者はどうやって化石の年代を調べるのか」などです。すると、最初の質問でインターネット検索をしたグループAの方が、後半の無関係の問題に対する自分の知識を高く評価していました。

* 関連する現象として「ダニング・クルーガー効果」[25] が知られています。一般に、知識や能力の低い人ほど自分を過大に評価して自信過剰になる傾向があります。

このような結果になるのは、関係ない問題の答えをインターネットで検索して見つけるという行為によって、検索していないあらゆる問題の答えを知っていると錯覚したためだと考えられています。つまり、人間は「外から入手できる知識」と「頭の中にある知識」を混同してしまい、実際に自分が持っている知識よりはるかに多くのことを知っていると思い込んでしまうわけです。[24]

このような知識の錯覚は、インターネットに限らず、現代社会の様々なところで生じている可能性があります。例えば、私自身が原発で働いていた時の経験を振り返ると、電力会社は大手メーカーとビジネス上の強い関係を持っていたので、電力会社の一社員である私でも、メーカーに質問すれば何でも細かいところまで丁寧に教えてくれるという環境でした。インターネットでも色々な情報を得ることはできますが、大手メーカーは本当に何でも知っていて、私にとってはインターネットよりもはるかに優れた情報源でした。先ほど紹介した実験で、実験参加者が「インターネットで何でも知ることができる」と認識すると知識の錯覚が強まったように、当時の私も「メーカーに聞けば何でも知ることができる」という状況によって知識の錯覚が強まり、自分の知識を過大評価していたように思います。

というのも、原発は非常に複雑で高度な技術がたくさん使われているので、1人の人間がすべてを把握することは到底できません。例えるなら、原発に関する全体の知識を100％とした場合に、自分が知っている知識は5％か10％くらいという状態だと思います。つまり、実際は「知ってること」より「知らないこと」の方が圧倒的に多いわけです。一般に、人間は未知のものを恐れる傾向があるので、全体の90％や95％を知らないという状態に恐怖を抱くはずです。ところが、不思議なことに「知らないことばかりで恐い」という感覚は無くて、「知ってるつもり」になっていたのです。

1F事故前、**多くの原子力関係者は「原発は完成された技術」とか「日本の原発の安全性は世界最高水準」ということを「知ってるつもり」になっていたので**すが、実際にはそれらは間違っていて、津波のリスクや欧米の原発の事故対策など日本の原子力関係者が知らないことはたくさんありました。

1F事故前の原発の安全性に対する認識について、ある原子力関係者は以下のように述べていました。

「**1F事故前の原発の安全性は、感覚的にはもうほぼ100点のイメージで毎日過ごしてましたね。**何かこれが足りないんじゃないかとか、こうした方がいいんじゃないかとかあまり思ったことはなかったです。結局は何かゴールがあって、そこを目標に高めていくじゃないですか。そのゴールが何か考えると、たぶん発電所の場合は規制側の了解をもらうことだと思います。そして規制の了解をもらって発電所が動き出したら、今度は効率化をすることになってきて、効率化には目を向けてますけど、安全側はもう達成しているから重点課題ではなくなっていたんじゃないかなと思います。結局、今私がやってる仕事とも結び付くんですけど、やっぱり発電所が動き出しちゃうと、うちの発電所もそうですけど、動き出しちゃうとそれをいかに効率良く回していくかっていうのをみんなが考えだします。なので、**当時は安全を高めることはもう解決したと。次にやることは効率化だという認識だったんじゃないかなと思っています。**」

「（質問：1F事故前、日本の原発の安全性が高いと思っていた理由は何ですか？）なぜなんですかね、国民性ですかね、わかりません。**ただ確かに知らないのに言ってる部分は大いにあったのかなと思います。**結局、ふたを開けてみたら海外の方が深く考えていたり、1Fの非常用発電機が地下*にあったり、あんな『考えられないだろ』みたいな問題も1F事故後に明るみに出て、**『あ、海外の方がちゃんとしてる』みたいなのが結構あったので、思い込みに近いのかなと思います。**」

1F事故の報告書を読んでいる人は意外と少ない

私が原子力関係者のインタビューを通じて新たに気づいたことは数多くありますが、その1つに「**1F事故の報告書を読んだり、事故の背景を十分に理解している原子力関係者は意外と少ない**」ということがあります。

インタビューでは以下の発言がありました。

＊ 米国の原発では竜巻やハリケーンに備えて非常用発電機を地下に設置しており、米国から原発の技術を輸入して作られた福島第一原発でも同じ設計が採用され多くの非常用発電機が地下に設置されていたため、津波が浸水して使用できなくなりました。

「**たぶん1F事故の報告書は、電力会社の経営幹部を含めて綿密に読んでいるっていう人は少ないと思うんです。**やっぱり、書き方も含めて読みにくいですもん。１Ｆ事故の報告書を、机の上にたたき台として載せて議論をするというのは、なかなか厳しいでしょう。」

「**規制庁（原発の規制当局）の職員もほとんど読んでないんじゃないですか。そりゃ仕方ないですよ。国会事故調だってこんなに分厚いじゃないですか。あれは読まないでしょ。**規制庁だと、例えば研修で1年目は１Ｆの現場を見に行ったりするんですけど、じゃあ当時の津波予測のレポートはこんなことが書いてあって、それに対してどう対応したとか、津波が来た時にどこから水が入って何が壊れて、どこが溶けてなんていうことは教えていない。だから現場を見て、『ああ、大変だったんだな』っていうのを感じるのが精いっぱいという感じだと思います。**分厚い報告書を読んでいる人はほとんどいないですね。**」

「私自身も、１Ｆ事故の背景を知る努力をこれまでしたことがありませんでした。今回のインタビューはすごくいい機会だったんで、自分の考えを整理するっていうか、見直すためにも、ちょっと事故調の報告書を見ました。**そこで全然知らないことが書かれていて、そこはやっぱり知る努力が全然できていなかったなと思います。**今回はこういうインタビューをきっかけに1F事故のことを知る機会があったので、今話せている部分はあるんですけど、普通の人はたぶんないと思います。**事故調の報告書を読み込んでいる人は少ないと思います。**」

「1F事故前に東電幹部が津波の評価結果を把握しておいて対策しなかったという結果は皆さん知っていると思うんですけど、**なぜそういう判断に至ったのか、その背景についてあまり知られていないんじゃないかなっていう気がします。**そういうことを理解すれば、じゃあ今後同じようなことが起こらないためにどうすればいいのか、そのためには安全性をどんどん高めていく必要があるとか、そういう議論が深まるような気がするんです。『津波のリスクがわかりました。それに対して東電は何も手を打ちませんでした。結果、事故が起きました。』という事実は知っている人が多いと思うんですけど、そこに至った背景を理解して深く考えないと、また新しい仕組みができてもやっぱり形骸化していく。なので、**安全性向上が今のままで大丈夫だと思う背景には、そういった1F事故の背景の理解が足りてない部分もあるんじゃないかなと思います。**」

1F事故の報告書が分厚くて読みにくいということは事実です（国会の事故調査報告書は592ページ、日本政府の事故調査報告書は955ページもあります）。しかし、1F事故を経験した日本の原子力関係者が報告書を読まないままで本当によいのでしょうか。原子力関係者が1F事故の報告書を読まないのは、時間が無いとか、読みにくいという理由もあると思いますが、「**1F事故について知ってるつもり**」になっている人が多い可能性もあると私は考えています。インタビューの発言にもあるように「全然知らないこと」は本人が思っている以上にたくさんあるはずです（それは1F事故の背景に限った話ではありませんが）。

別の原子力関係者は以下のように発言していました。

「２０１８年に実際に１Ｆに行く機会があって行きました。そのときに、これは私すごい印象に残ってるんですけれども、１Ｆの敷地内というよりかは帰宅困難地域をバスに乗って１Ｆに向かっていくときのその風景ですね。あの事故が起きてこれだけの被害を起こして、そこの住民の人たちのすべての人生をひっくり返すような事故っていうのを自分の目で見たときに、自分の仕事ってすごく重大な仕事なんだなっていうのはかなり思いました。それからは、やっぱり安全は最優先っていう、その考えというのがすごく強くなったと思っています。なので、実際に自分の目で見たときに初めて感じたっていうのが私の経験です。それまでは、自分の頭の中であのレベルの事故だっていう、**要は世の中を全部ひっくり返すような事故だっていうところまでは完全にはイメージできてなかったんだろうなって思います。**」

原子力関係者のみなさんが「１Ｆ事故の原因や被害をどれくらい理解している

か、７段階評価（１：まったく理解していない〜７：とてもよく理解している）で答えてください」と質問されたら、どのように回答するでしょうか。その後、１Ｆ事故について詳細な説明を求められたら、どれくらい説明できるでしょうか。意外と「知ってるつもり」になっている人は少なくないかもしれません。*

* 原発反対派（環境団体など）も、1F 事故の部分的な問題しか見えていないように感じることが少なくありません。おそらく、原発に批判的なジャーナリストが書いた「薄い新書」などを読んで、「知ってるつもり」になっている人もいるのではないでしょうか。「分厚い報告書」（国会事故調や政府事故調）を最初から最後まで読んだ人は反対派にも少ないのかもしれません。

コラム③「原発」という言葉

原子力業界以外の人からすると呆れるような話かもしれませんが、**原子力業界では「原発」という表現がタブーとなっていて、基本的には「原子力発電所」もしくは「原子力発電」という言葉を使います。**その理由は、「原発」は「原爆」と似ているので、危険な物を連想させることを心配しているようです。1F事故後は、そのようなアレルギー体質も少しは和らいだように感じられます。しかし、古い考え方の人や伝統的な組織は「原発」という言葉を極端に嫌がります。

私は大学教員になる前からエネルギー関係の講演などをさせてもらう機会を何度かいただいてきたのですが、意図的に「原発」という言葉を使ってきました。その理由は、ほとんどの日本人が「原発」という言葉を使っているのに、わざわざ「原子力発電所」という言葉を使うのはナンセンスだと思うためです。例えるなら、みんなが「イギリス」と言っているのに、自分だけは「グレート・ブリテンおよび北アイルランド連合王国」という正式名称を言い続けるような状態だと私は思っています。

私が「原発」という言葉を使うことを快く思っていない人もいるようで、実際に注意されたり小言を言われたこともあります。一番驚いたのは、**ある講演で使うパワーポイントのデータを先方の担当者に送付していたのですが、後日確認すると「原発」という言葉が「原子力発電所」にすべて置き換えられていました。**その熱心さに私は辟易してしまい、その修正に対して何も言いませんでした。

実は、私は「原発」という言葉を一種のリトマス試験紙のようなものだと思っています。私が原子力関係者に向かって「原発」という言葉を使うと、何となく不愉快そうな顔をする人や、「原子力発電所」という言葉で会話を続ける人もいます。そのような人は私とは考え方が大きく異なる場合が多いので、少し距離を置くようにしています。逆に「原発」という言葉を堂々と使う原子力関係者には妙な親近感が湧いて、同志を見つけたように嬉しくなります。

私には、頑《かたく》なな態度を貫く原子力関係者が不合理に思えます。「原発」という言葉を絶対に使わない人や組織は、そのままでは社会の人々に歩み寄るのが難しいのではないでしょうか。みなさんのまわりに「グレート・ブリテンおよび……」という正式名称を使い続ける人がいたら、どう感じますか。

［補足］

細かいことですが、本書では「原発」と「原子力」という用語を使い分けています。「原発」は原子力発電所または原子力発電を意味しているのに対して、「原子力」は原発だけでなく原子力エネルギー全般（放射線利用や核融合などを含む）を意味しています。例えば、「原発関係者」は原子力発電に関係している人（具体的には電力会社の原子力部門で働く人など）を指しますが、大学の研究者や官僚などは原発の仕事だけをしているわけではありませんので、本書では「原子力関係者」と呼んでいます。

4章　社会の問題を行動科学で考える

皆が同じように考えているときは、誰も深く考えていない。
（ウォルター・リップマン）

この章では行動科学分野の代表的な理論をいくつか解説しながら、原子力に関する社会的な問題を考えていきます。前章に引き続き、合理的な人間を「エコン」、実際の不合理な人間を「ヒューマン」と区別して呼びます。

（1）二重過程理論

ある商品を購入するために小売店Xと小売店Yに行ったという状況を考えてみてください。それぞれの店では、同じ商品が異なる価格で表示されています。自

分だったらどちらの店で購入しますか？（小売店Xと小売店Yは隣接していて簡単に移動できるとします）

小売店X：1万円
小売店Y：17×28×19円

小売店Yの価格表示に驚くかもしれませんが、計算機があれば誰でも簡単に計算できますし、紙と鉛筆だけでも計算は可能でしょう。そして、計算すれば小売店Yの方が安いことがわかります（エコンであれば瞬時にわかるでしょう）。しかし、**ほとんどの人（ヒューマン）は計算機や紙がなければどちらが安いのか理解できず、そもそも計算しようとさえ思わないでしょう。**

行動科学分野の代表的な理論として、人間の思考プロセスをシステム1とシステム2に分ける「**二重過程理論**（dual process theory）[1]」がよく知られています。システム1は自動的に高速で働き、認知的な負荷はほとんどありません。例えば、日本人であれば「日本の首都は？」という質問に対して、悩むことなく即座に回答できるでしょう。

一方、システム2は、複雑な計算や論理的思考など、時間や認知的負荷を要するものです。例えば、17×13の答えを頭の中だけで計算しようとしても、すぐに答えはわかりません。このような簡単ではない問題を考える際に働く思考プロセスがシステム2です。2002年にノーベル経済学賞を受賞した米国の心理学者ダニエル・カーネマンは、**システム1を「速い思考」**、**システム2を「遅い思考」**と呼んでいます[2]。

人間は日常生活において、肉体資源をできるだけ節約しようとする傾向があります。例えば、急いでいるわけでもないのに移動中に全力疾走することは、肉体資源の浪費でしかありません。脳も同じであって、労力を要する思考はなるべく避けるようにできています[3]。複雑な計算や論理思考などに代表される「システム2」は時間と労力を要する効率の悪い思考プロセスであるため、**人間は大半の意思決定を「システム1」で行なっています。**先ほどの小売店Xの価格（1万円）はシステム1（直感）で理解できるのに対して、小売店Yの価格（17×28×19円）

を理解するにはシステム2（複雑な計算）を使う必要があるため、情報の受け手にとって望ましいものではありません。

それでは、原子力に関する社会的な問題について考えてみましょう。原発の必要性を説明する文章として、もっとも効果的な文章は以下の3つの内どれだと思いますか？

A：原発は発電コストに占める燃料費の割合が小さいため（石炭4・3円／kWh、天然ガス6・4円／kWh、原発1・7円／kWh）、既存の原発を稼働させた方が経済的によい。

B：総合的な発電コスト（廃炉費用や事故対応費用など含む）を比べても原発は低廉な水準であるため（石炭13・6円／kWh、天然ガス10・7円／kWh、原発11・7円／kWh）、バランスのとれたエネルギー供給のために原発が必要である。

C：日本が完全に脱原発した場合、平均的な国民が負担する電気料金は毎年約

5千円高くなる（4人家族の場合は毎年約2万円高くなる）。

二重過程理論の観点から考えれば、**Cが一番効果的**でしょう。なぜなら、「自分自身の損失」を知るためにAとBではシステム2を総動員して非常に複雑な計算をしなければならないのに対して、Cはシステム1でそのまま理解できるためです。

ちなみに、AとBは日本政府の「発電コスト検証ワーキンググループ」[4]（令和3年9月）の資料に記載されている数値ですが、Cは私の単なる当てずっぽうであるので注意してください。インターネットで調べてみると、原発停止に伴って増えた化石燃料の輸入額や、再エネ賦課金の負担額など個別の情報は散見されるものの、結局、脱原発した場合に平均的な国民が被る損失を突き止めることが私にはできませんでした（もし正しい数値を知っている人がいたら教えてください）。

ここで問題なのは、「**一般市民は自分の損失を正しく知ることができない状況にいる**」**という事実がほとんど問題視されていない**ことです。経済学が仮定するような合理的人間（エコン）であれば、ＡやＢの情報を与えれば、自分が被る損失を勝手に計算するかもしれません。しかし、私たちは合理的とは程遠い不完全な人間（ヒューマン）です。**発電コストの情報を与えられたところで、自分が被る損失を計算しようとは思いませんし、そもそも計算できない人の方が多い**でしょう（私もその１人です）。

日本政府や電力会社は脱原発による国全体の損失や発電コストの比較を繰り返し説明していますが、国民にとって一番関心が高いのは「**脱原発によって自分自身が被る損失**」でしょう。ところが、それを知るためには非常に複雑な計算や情報収集をしなければなりません（小売店Ｙの計算の難易度とは別次元です）。

現状は、**脱原発した場合に自分が被る損失がよくわからないまま、国民は原発に賛成か反対かを問われている**ようなものです。一方、原発の利用に伴うデメリット（特に１Ｆ事故が起きた場合の被害の大きさ）は、システム１で簡単に理解できます（特に１Ｆ事故を経験した日本人の場合）。つまり、原発を使う場合のリスクは容易に想像できるのですが、原発をやめた場合に自分が被る損失はほとんど想像できないという状況に人々は置かれているということです。

ここで行動科学の視点から考えなければならないことは、「**脱原発をした場合に自分が被る損失**」を**システム1で理解できる形にすれば、人々の原発に対する意見や行動が変わる可能性もある**ということです。原発に対して否定的な意見を持つ国民は少なくありませんが、彼ら・彼女らは不十分な情報しか与えられていない環境の中で、自分たちの本当の望みとは異なる判断をしている可能性は否定できません。

行動科学やナッジが目指すべき姿は、「**人々が判断に必要となる情報や選択肢を正しく理解した上で、自分や社会にとって望ましい行動ができる状態**」だと私は考えています。そのためには、脱原発に伴う自分の損失をシステム1で理解できる形にして示す必要があり、政府や電力会社など（ナッジでは「選択アーキテクト（選択の設計者）」[5]と呼びます）が主体的に関与していくことが求められます。

当然ながら、地域によって原発の比率は大きく異なり、大手電力会社（原子力事業者）から電気を購入していない国民もいるという複雑な状況であるため、脱原発に伴う国民一人ひとりの損失を数値化することは簡単ではありません。しかし、それでも何らかの形で「脱原発によって自分が被りそうな損失」をシステム1で理解できるように示すことは必要不可欠だと思います。

ただし、脱原発に伴う経済的損失を過度に主張して原発賛成に誘導するのはナッジではありません。人々が正しく判断するために必要な情報を適切に伝えた上で、本人や社会にとって望ましい行動をしてもらうという姿勢が大切でしょう（コラム④参照）。

（2）プロスペクト理論

みなさんは以下の賭け（ギャンブル）に誘われた場合、参加しますか？

コイントスをして表が出たら5万円もらえる。
ただし、裏が出たら4万円払わなければならない。

これまで私は学生や社会人に対してこのような質問を何度もしてきましたが、ギャンブルに参加すると答える人は概ね1割未満です。期待値の観点から考えれ

＊ 他の特徴として「参照点依存性」もあります。5章で紹介する「フレーミング効果」は、参照点の違いによって物事の価値判断を変えるという現象です。

ばギャンブルに参加する方が合理的なのに、参加したいと考える人が少ないのはなぜでしょうか。

この現象を説明するための1つの理論として「**プロスペクト理論**（prospect theory）」[6]が知られています。プロスペクト理論は**図8**のような価値関数を使って説明されます。この図では横軸が利得と損失、縦軸が心理的価値（嬉しい／悲しい）を表しています。

プロスペクト理論には大きく2つの特徴があります。[2]* 1つ目の特徴は「**損失回避性**」です。図に示されているとおり、価値関数は原点（参照点）を境に左右非対称の形となっているため、5万円をもらえる嬉しさ［A］より、4万円を失う悲しさ［B］の方が心理的

図8　プロスペクト理論の価値観数

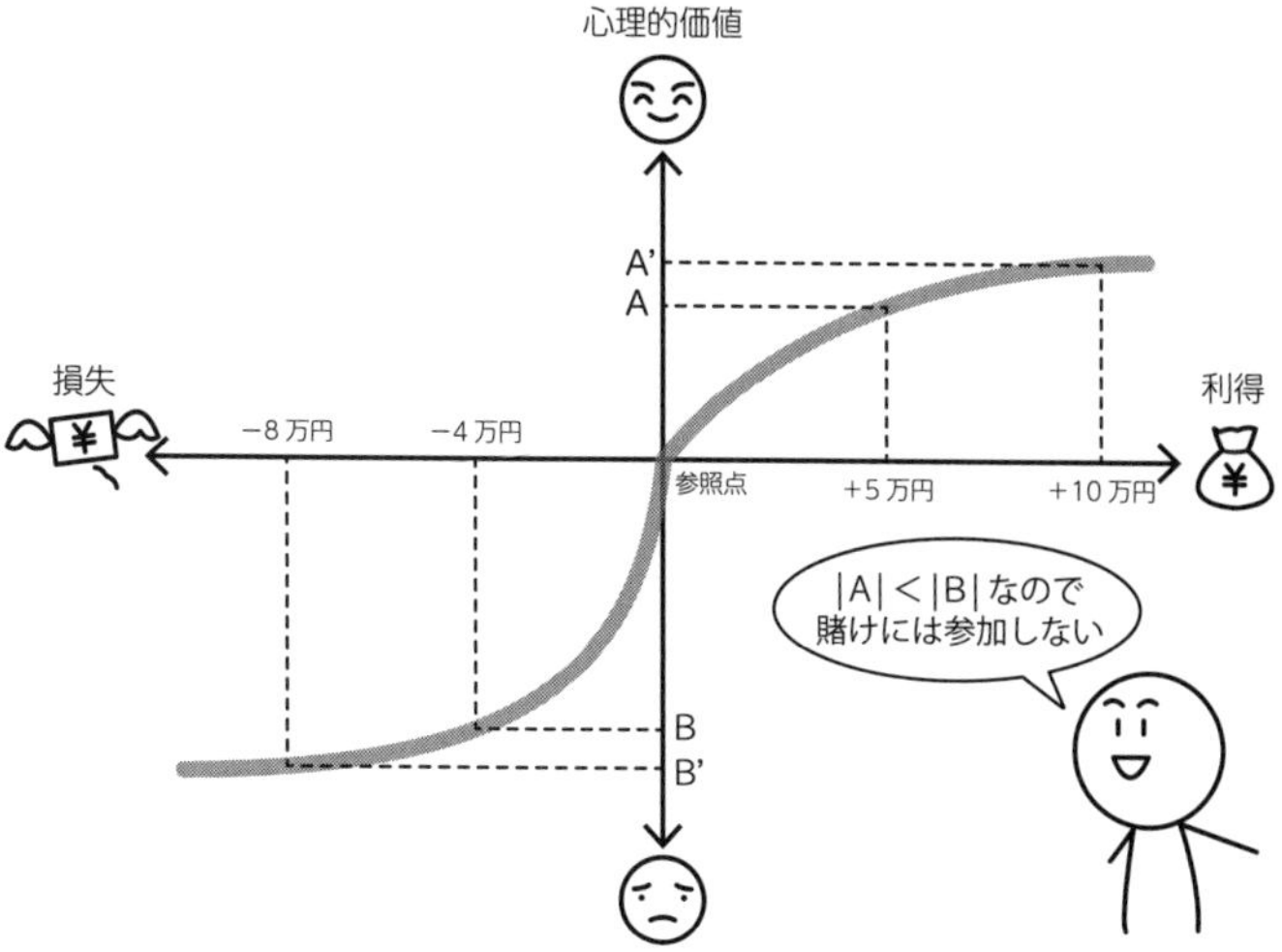

に大きく感じられます。従って、コイントスのギャンブルに参加することは期待値を考えれば合理的ですが、たいていは損失を回避したい気持ちの方が勝るため、大半の人は参加しようと思わないのです。

2つ目の特徴は「**感応度逓減性**《ていげん》」です。これも価値関数のグラフに示されているように、利得または損失の程度が大きくなるほど、そこから受ける心理的価値（嬉しい／悲しい）は逓減するという特性を表しています。例えば、コイントスで10万円もらえる嬉しさ［A'］は、5万円もらえる嬉しさ［A］より大きいことは確かですが、2倍もの大きな喜びは感じられません。それは損失の場合［BとB'］も同様です。

それでは、プロスペクト理論の観点から原子力について考えてみましょう。電気事業連合会（電力会社の業界団体）のホームページに『原子力コンセンサス』[7]というパンフレットが掲載されていて、その中に「日本はなぜ原子力発電を使うの？」というテーマでQ＆Aが書かれています。そこには「エネルギー供給の安定性を確保するため」「地球温暖化防止の観点から優れているため」「燃料費が高騰しても電気料金への影響を抑えられるため」などの回答が示されています。*これらは確かに原発を使うメリットであり、国民の利得になると考えられます。

しかし、先ほど述べたとおり人間には損失回避性があり、利得よりも損失を強く感じる傾向があります。一般市民にとって原発の損失としてイメージしやすいのは「事故の被害」でしょう。1F事故を経験した日本人にとって、この損失の印象はとりわけ強いため、いくらエネルギー安定供給や温暖化防止という利得をアピールしたところで、損失を打ち消すほどの効果を期待するのは難しいと思います。

それでは、原発の必要性を社会の人々に正しく伝えるにはどうすればよいのでしょうか。

暫定的な方法として、私は原発利用のメリット（利得）を説明するよりも、**「感応度逓減性が作用する程度の脱原発政策のデメリット（損失）」を説明した方が、社会の人々に原発問題を正しく理解してもらう上で有効**ではないかと考えています（後述するとおり、原発賛成に誘導するという目的ではありません）。

＊ この3つは「Energy Security」「Environment」「Economy」の頭文字を取って3Eと呼ばれます。

例えば、二重過程理論のところで示した「脱原発した場合、平均的な4人家族が負担する電気料金は毎年約2万円高くなる」という数値が正しいと仮定しましょう（繰り返しになりますが、この数値に根拠はありません）。本人の所得等によって受ける印象は異なると思いますが、1年間で2万円の損失となるとかなりの金額です。10年間続けば20万円にもなります。もちろん、我が家が20万円損失することよりも原発で大事故が起きた場合の損失の方が大きいと考える人も一定数いると思います。しかし、いずれもかなり大きな損失であるため感応度逓減性が作用して、両者の差が天秤にかけられるくらいまで縮まったと感じる人もいるのではないでしょうか。

この考え方を**図9**に示します。「原発で大事故が起きた場合の損失：L」と「エネルギー安定供給等の利得：G」の比較では深く考えるまでもなく脱原発を支持していた人でも、「原発で大事故が起きた場合の損失：L」と「我が家が10年間で20万円失う損失：L'」の比較になると、脱原発を支持して本当に大丈夫だろうかと疑問に思うようになるかもしれません。

電気料金の負担に限らず、脱原発によって人々が被り得る損失（例えば、火力発電の焚き増しに伴うPM2・5の増加によって、健康被害リスクが高まる可能性など[8]）を明確にして伝えることは、原発事故のリスクを過度に恐れている人々に原発の必要性や価値を正しく伝えるために有効な手段になり得ます。

原発事故のリスク（損失）に目が向いている人に原発利用のメリット（利得）を訴えるというアプローチは、行動科学的に賢明な方法とは言えないでしょう。

ここで私が提案しているのは「脱原発の損失を主張して原発賛成に誘導する」ということとでは決してありません。私が言いたいことは、「**現状のように原発利用のメリット（利得）**

図9　原発に関する利得と損失

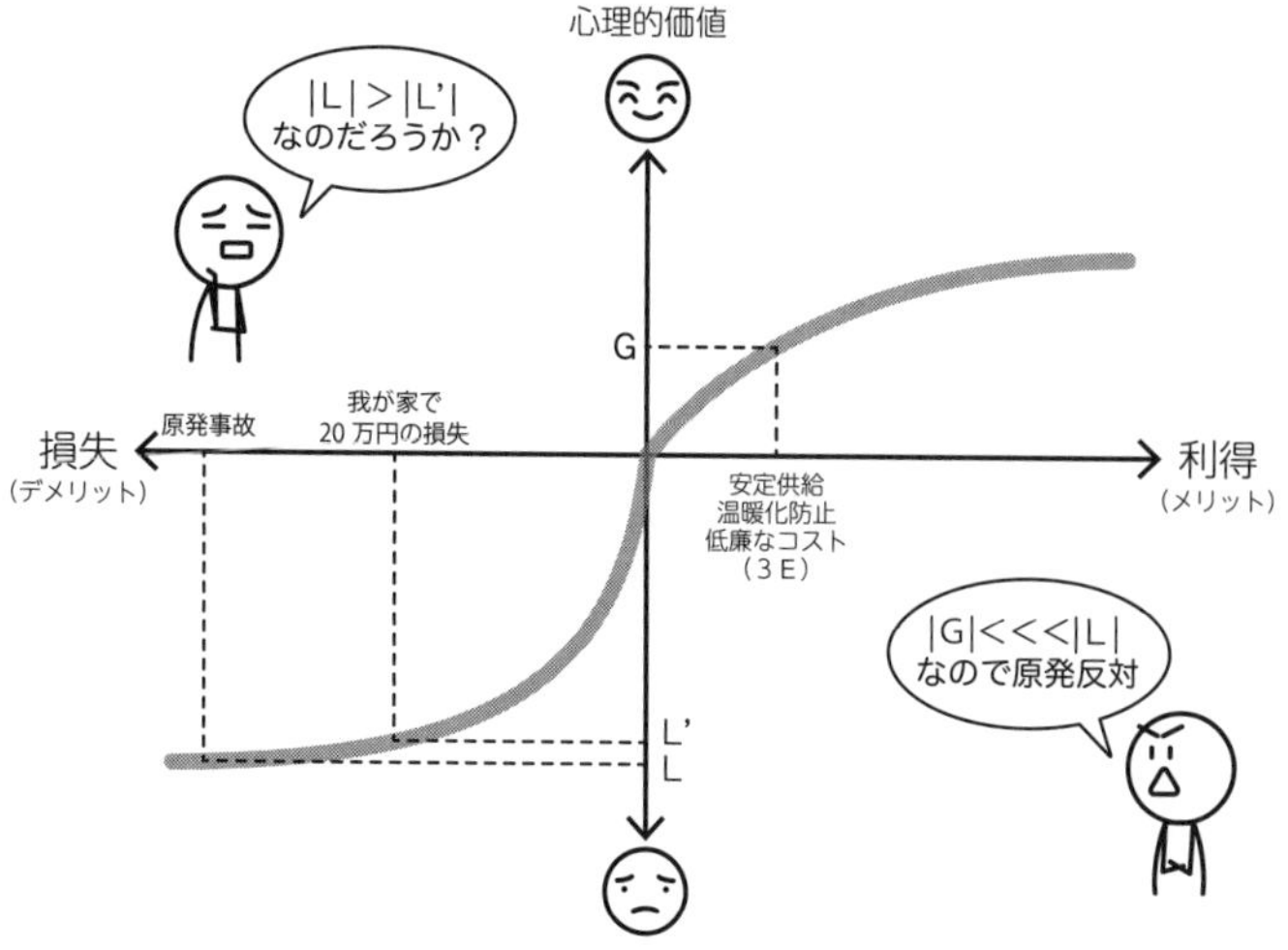

を訴えるだけでは、損失回避性バイアスによって、市民が望ましい判断をできない可能性がある」ということです。原発のメリットを訴えるという方法はエコンには通用すると思いますが、その方法でヒューマンに望ましい判断をしてもらうのは難しいのではないでしょうか。

説明の中で使用した「10年間で20万円の損失」という仮想の数値が正しいかどうかはさておき、「脱原発した場合に一般市民はいくらの損失を被るのか（もしくは損失を被らないのか）、誰にもわからない」という現状は大きな問題だと私は考えています。例えるなら、先ほど説明したコイントスのギャンブルで、裏が出た場合の損失がわからないという状態で意思決定を求めているようなものです。二重過程理論のところでも述べたように、脱原発の損失がわからないのに「原発に賛成ですか／反対ですか」と尋ねても、普通の人（ヒューマン）にはわからないでしょう。

それは原発に関心のない一般市民だけではありません。世の中には、原発利用に強く賛成している人たちと、強く反対している人たちがいます。しかし、「**脱原発したら、自分がどれくらい損失を被るのか（もしくは損失を被らないのか）**」

を正しく理解している人はほとんどいないと思います。そのような判断の根幹になり得る情報がよくわからないことに疑問を抱かずに、「日本は原発を利用すべきだ」「日本は脱原発すべきだ」と主張する人たちは、**エコンからは極めて不合理に見える**ことでしょう。

（3）疑似確実性効果

次のような状況に置かれた場合、自分だったらどうするか考えてみてください。

［問題A］
あなたは不運なことにロシアンルーレットをしなければならない状況にいます。リボルバー式拳銃の6つのシリンダーに1発の銃弾が込められていて、あなたは引き金を1回引かなければなりません。しかし、お金を払えば1発の銃弾を抜いてもらうことができます。あなたは、全財産の何%までなら支払えますか？

私がこのような状況にいれば、迷わず全財産を支払っても構わないと答えるしょう。これまで私は学生や社会人に対して同じ質問をしてきましたが、**過半数の人は財産の7割以上を支払うと回答します**。なお、私にとっては意外なことですが、全財産の3割以下しか払わない人も一定数存在します（学生にも社会人にも）。

問題Aの設定は、自分が死ぬ確率を17％（6分の1）からゼロにできるという状況であり、そのためにいくら支払えるかを尋ねる問題です。それでは次に、問題Bについても考えてみてください。

［問題B］

あなたは不運なことにロシアンルーレットをしなければならない状況にいます。リボルバー式拳銃の6つのシリンダーに**2発**の銃弾が込められていて、あなたは引き金を1回引かなければなりません。しかし、お金を払えば1発の銃弾を抜いてもらうことができます。あなたは、全財産の何％までなら支払えますか？

問題Aと問題Bは太字部分のみが異なっています。つまり問題Bでは、自分が死ぬ確率を34％（6分の2）から17％（6分の1）に減らせるという状況であり、そのためにいくら支払えるかを尋ねているのです。問題Aも問題Bも「1発の銃弾を抜いてもらう」（つまり、自分の生存確率を17％高める）という点では同じです。ところが、人間が感じる価値は両者で大きく異なります。これまで私は回答者を2グループに分けて、問題Aと問題Bのいずれか一方に回答してもらうという実験をしてきましたが、**問題Bで「全財産の7割以上を支払う」と回答する人は3割以下に減ります。**

この現象は、3章で取り上げた「**確実性効果**」によって説明できます。一般に、人間は確実なことの価値を過大に評価する傾向があり、不確実なことには低く評価されがちです。[9] そのため、**問題Aの「確実に生存できる」ということには価値を高く感じて大金を払えます。それに対して、問題Bの「83％の確率で生存できる」ということはそれほど価値を感じないので大金を払いたくなくなるわけです。**

このような問題は原発も無縁ではありません。例えば、原発の安全強化対策によって事故の発生確率が大幅に下がったとしても、安全性には不確実性が伴う（事故が起きる確率はゼロにはならない）ため、確実事象を望む人々から適正に評価してもらうことは簡単ではないでしょう。

確実性効果に関連して、リスク研究者のスロビックは以下の2種類の質問票を別々の実験参加者に読ませてワクチンを接種するか質問するという実験を行いました。[10]

【質問票X】

・ある疫病に20％の住民が感染する。

・用意されたワクチンは、接種した人の半分に効果がある。

【質問票Y】

・2つの異なる疫病があり、それぞれ10％ずつの住民が感染する。

・用意されたワクチンは、片方の疫病には確実に効果があるが、もう片方にはまったく効果がない。

2つの質問票はほとんど同じ状況を意味しています（どちらの場合も、ワクチンで感染を防げる確率は10％です）。ところが、実際に質問をしてみると、**質問票Yの方がワクチン接種率は高くなりました**。このように、人間は直面している不確実性の一部だけでも確実性が得られれば、その価値を高く感じるという現象は「**疑似確実性効果**（pseudocertainty effect）[11]」と呼ばれます。

この疑似確実性効果を応用して、私は「**部分的絶対安全**」という考え方を提案しています（**図10**）。現状では、原発の安全性は確率論的リスク評価（Probabilistic Risk

図10　不確実な安全、絶対安全、部分的絶対安全

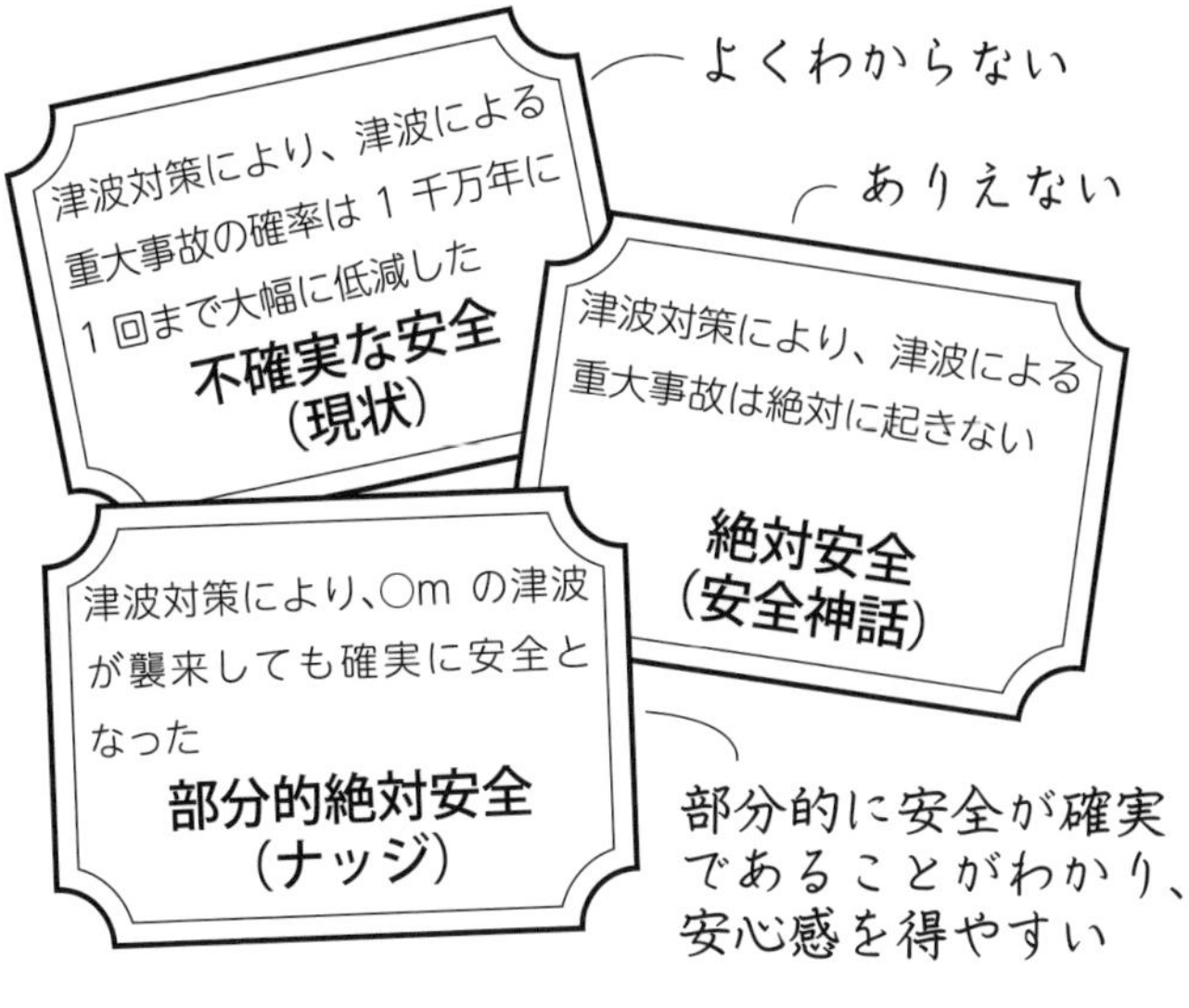
よくわからない
津波対策により、津波による重大事故の確率は１千万年に１回まで大幅に低減した
不確実な安全
（現状）
ありえない
津波対策により、津波による重大事故は絶対に起きない
絶対安全
（安全神話）
津波対策により、○m の津波が襲来しても確実に安全となった
部分的絶対安全
（ナッジ）
部分的に安全が確実であることがわかり、安心感を得やすい

Assessment：ＰＲＡ）と言われる手法で説明されています（付録Ｂ参照）。例えば、津波によってメルトダウン（炉心損傷）が起きる確率は一千万年に1回（専門的には10^{-7}回／炉年）という数値が使われたりします。それに対して部分的絶対安全では、安全強化対策の効果を炉心損傷確率などの「不確実性」として説明するのではなく、「**〇メートルの津波に対しては確実に安全になった**」「**〇ガルの地震には確実に安全になった**」などと説明する方法のことです。それは、あくまで疑似的な確実性にすぎないのですが、スロビックのワクチンの実験結果と同様に、不確実な安全性よりも価値を高く評価する可能性が考えられます。実際にインターネットで行った部分的絶対安全の実験（資料①：１３５ページ）でも、そのような傾向が見られます。

１Ｆ事故後、「絶対安全」が禁句になっていることは言うまでもありませんが、私が提案する「部分的絶対安全」は必ずしも安全神話への逆戻りではないと考えています。「部分的絶対安全」は工学的に可能であって、当然ながら市民を騙すためのものでもありません。これは原子力関係者の取り組み（すなわち、どれくらい安全になったのか）を社会の人々に正確に伝えるためのアプローチです。

1F事故前の問題として、実態は「部分的絶対安全」だったものを、いつの間にか「絶対安全」という神話が生まれ、原子力関係者自身も信じ込んでしまったことがあると私は考えています。* インタビューでは以下の発言がありました。

「本来は、当然、原子力発電所はリスクがあるわけで、何万年に1回という確率論的評価の数値がありますよね。だけど、そういうものでさえ、ほんとはないんだと。建前上ないんだと。原子力は安全なんだという説明を強調しすぎて、それはあくまでも建前であって、実際、安全評価をする上では、定量的なリスク評価で対応をすべきなんだけれども、実際、そういうリスクを考えるべき人たちの間でも決定論的な、もう絶対に事故は起こらない、ゼロだというような建前を現実に置き替えてしまうような感覚になってたんじゃないかと思います。**日本は建前社会で、そういう理由じゃなくちゃいけない、ゼロじゃなくちゃいけないっていうのに囚われて、建前と実際が混同されてしまったのだと思います。**」

＊ 人間は「もっともらしい情報」に繰り返し何度も触れると、実際の正誤にかかわらず「正しい」と信じやすくなることがわかっています（真実性の錯覚効果）[12]。日本の原子力業界では「重大事故は起こらない」という説明が広く使われ、その情報に繰り返し触れることによって一般市民だけでなく専門家もそれが正しいと錯覚するようになった可能性があります。

1F事故の教訓を活かすためには、原子力関係者側があくまで「部分的絶対安全」であることを十分に理解した上で、原子力関係者の取り組みを社会の人々が理解しやすい形で丁寧かつ明確に説明すれば（例：○○の事象に対しては確実に安全になった）、現状よりも健全なリスクコミュニケーションになる可能性があります。

当然ながら、「部分的絶対安全」は市民の理解を得るために完璧な方法ではありませんが、現状のリスクコミュニケーションでよく使われている「百万年に1回の話」よりは双方にとって望ましいのではないでしょうか（百万年に1回の事故リスクと言われても、普通のヒューマンには理解できません）。

ある原子力関係者は、以下のように述べていました。

「**技術的な説明が、必ずしも功を奏するとは限らないと思います。**技術的な説明が真実で、事故は起こりませんという方便みたいなやつは真実ではないんだというのは、技術的な説明だって結構真実じゃないかもしれないし。技術的説明でもいろんな説明があって、シンプルに説明した方が普通の人はよくわかるけど、シンプルに説明すると必ずどこかに『端折《はしょ》った部分』が出てくるという関係にありますよね。そういうことですよね。詳細なことも含めてすべてを丁寧に理解していただけるまで説明し続けますというのは、それが正しい方法だとは必ずしも思わないです。だって全部はわからないですよね、きっと。」

「説明する側が求めていることは、合意を得られることなんです。前に進められる程度に皆さんが納得してくれることで、納得してもらえればそれでいいんです。納得してもらうためには、相手の人もその言葉を使ってくれるようなメッセージが一番良くて。だからそれがまるっきり真っ赤な嘘じゃいけないけど、そこはある種『方便』なんだと思います。方便ってすごく聞こえが悪いんですけど、社会においてそういうものっていうのは必要なもので、私は必要悪だとは思っていなくて、必要なものです。そういうものがなければ社会は成り立たないぐらいの感じですかね。」

ナッジには、「**公知性の原則**」という考え方があります。公知性の原則とは「**政府や事業者は、正当性を公然と主張できない政策を採用してはならない**」という意味です。[5] 正当性を公然と主張できない政策（すなわち、不当な思惑の政策）を採用するのは、「個人の自由」を尊重しておらず政府や事業者にとって都合がいいように操作しようとする行為に他なりません。

部分的絶対安全は、公知性の原則に基づいて正当性を適切に市民に伝えることができれば、ナッジとして使えるアプローチだと私は考えています。よく言われることですが、**安全と安心は異なります**。一般に、「**安全**」は基準などが明確で客観的に判断されるものであるのに対して、「**安心**」は個人の主観的な判断に大きく依存します。原発に対して否定的な人の中には、さらなる「安全」（例えば、百万年に1回ではなく二百万年に1回の事故確率や、絶対に事故を起こさないこと）を望む人もいるとは思いますが、良識ある市民の多くは「絶対に事故を起こさない」ということが現実的ではないと理解していると考えられますし、事故確率が二百万年に1回になるように安全性を高めてほしいと願っているわけでもないでしょう。

社会の多くの人々は、絶対安全が不可能であることを理解しつつも、確実性効果という認知バイアスの影響を受けて、無意識の内に確実性（すなわち、絶対安全）を求めているのではないでしょうか。その背景には、「安心」を求める人間心理も大きく作用していると考えられます。

人間として安心を求めたい気持ちは誰にでもありますが、**仮に一億年に1回の事故確率に安全性が高まったとしても、安心が得られるわけではない**でしょう。そのように「安心」を望んでいる人々に対して、**原子力関係者が「○○の事象に対しては確実に安全になった」という部分的絶対安全を丁寧に説明すれば、疑似確実性効果によって今よりも安心感を得られるようになる**可能性があります。それが人々を誘導するためではなく、人々の望みを叶える（安心感を与える）という目的である限り、ナッジと呼ぶことは可能であると私は考えています。

社会の人々（ヒューマン）が本当に求めているものは「絶対安全」ではなく「安心」だということについて、それほど異論はないでしょう。人々に安心を提供する方法は大きく2つ考えられます（**図11**）。1つ目は「**Ⓐ安全性をさらに高める**」ということです。具体的には、事故の確率が「一億年に1回」や「十億年に1回」というさらに高い安全性を目指すことです。これは原子力安全に関わる技術者や研究者が目指すべき目標であり、弛まぬ努力が求められます。

2つ目は「**Ⓑ人々が安心できる情報提供**」です。ここでは、その一例として部分的絶対安全というアプローチを提案しました。Ⓐを求めている市民が存在することは事実であるものの、**Ⓑを求めている市民も少なくない**と思われます。1F事故後、原子力関係者はⒶの活動に重きを置いてきましたが、Ⓑの活動も積極的に取り組んでいく必要があると私は考えています。

図11　社会の人々が本当に求めているもの

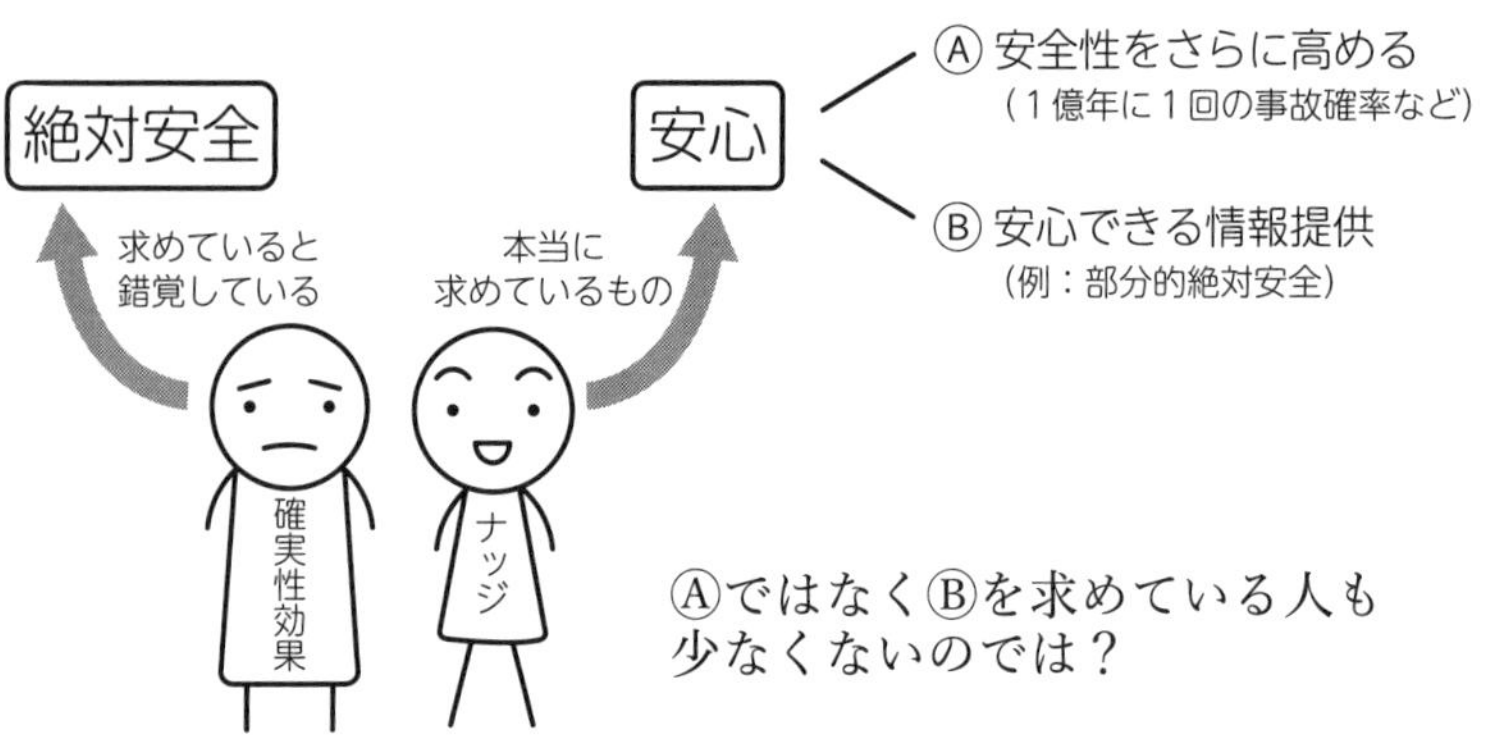

資料1 「部分的絶対安全」の実験

ここで、筆者（松井）が実施した部分的絶対安全に関する実験結果を紹介します。この実験では、日本全国の20歳以上の男女367名を対象にインターネット調査を行って、「自分が原発の近くに住んでいると仮定した場合にどちらの安全対策を希望しますか？」という質問に回答してもらいました。約半数の回答者（179人）には「X：7メートルの津波に対して、大事故が絶対に起こらない安全対策」と「Y：想定を超える巨大津波に対して、大事故の確率が10万年に1回から100万年に1回に下がる安全対策」のどちらか一方を選んでもらいました。残り半分の回答者（188人）には「X：マグニチュード7の地震に対して、大事故が絶対に起こらない安全対策」と「Y：想定を超える巨大地震に対して、大事故の確率が10万年に1回から100万年に1回に下がる安全対策」のどちらか一方を選んでもらいました。

津波対策の回答を**図12a**、地震対策の回答を**図12b**に示します。いずれにおいても、「Y：想定を超える自然災害に対して大事故の確率が下がる対策」より「**X：（部分的ではあるが）ある規模の自然災害に対して大事故が絶対に起こらない対策**」を望む人が多いことがわか

図 12a　津波対策

【質問】XとYのどちらの安全対策を希望しますか？
X：7m の津波に対して、大事故が絶対に起こらない
Y：想定を超える巨大津波に対して、大事故の確率が
10 万年に 1 回から 100 万年に 1 回に下がる

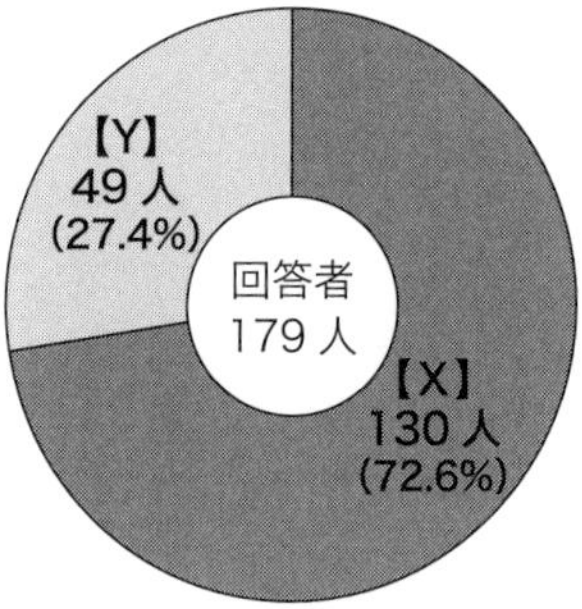

図 12b　地震対策

【質問】XとYのどちらの安全対策を希望しますか？
X：M7 の地震に対して、大事故が絶対に起こらない
Y：想定を超える巨大地震に対して、大事故の確率が
10 万年に 1 回から 100 万年に 1 回に下がる

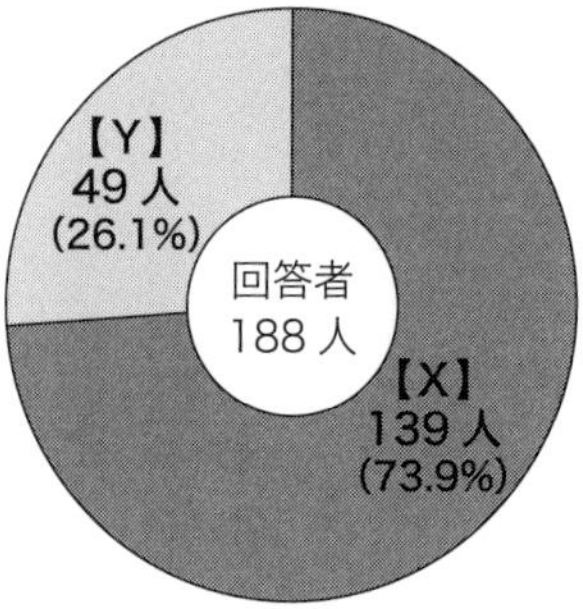

［注］いずれも選択肢 X と選択肢 Y の順序はランダム表示

りました。

一般に原発のリスクコミュニケーションで使われているのは「Y：確率論的な安全評価」ですが、この実験結果から「**X：部分的には絶対に安全であること**」**を説明した方が、社会の人々は安心感を得られる**可能性が示唆されます。

本文でも述べたとおり、ある規模の自然災害（例えば7メートルの津波）に対して、絶対に大事故（炉心溶融など）を起こさないという安全対策は工学的に可能です。専門家が行動科学の知見を使って社会の人々を都合の良い方向に誘導することはあってはなりませんが、社会の人々に安心感を与えるために行動科学の知見を使うことは否定されるべきではないと私は考えています。

［補足］一般に原発の安全設計はマグニチュード（M）ではなくガル（Gal）を使いますが、日常的に耳にする機会の多いマグニチュードの方が判断しやすいと考えて、実験ではマグニチュードを用いました。

(4) 単純接触効果

米国の心理学者ロバート・ザイアンスは、トルコ語の単語が書かれている12枚のカードを用意して、トルコ語を知らない実験参加者に異なる頻度(0回、1回、2回、5回、10回、25回)で各カードを約2秒間ずつ見せるという実験を行いました。[13] その結果、高頻度で呈示された単語ほど「良い意味を持つ」と推測される傾向が示されました。さらに、トルコ語だけでなく、米国人が読めない漢字や顔写真、名前などの様々な題材でも同じ傾向が確認されています。

このように、接触回数が多くなると対象に対してポジティブな態度を持つようになる現象は、**「単純接触効果」**(mere exposure effect)と呼ばれます。* 単純接触効果は、「自分が対象に接触している」という意識がなくても生じることが明らかにされていて、それをマーケティングに利用したものが街中のビルボード広告や、スポーツ中継で視聴者の目に映るフィールド周辺の広告などです。

2章で述べたように、もともと私は電力会社の原子力部門で働いていて、1F事故後は電力関係の調査機関に転職して、毎日、原発の情報に触れるような生活

---

* ただし、単純接触効果には限界があることも知られていて、接触回数に比例してポジティブな態度が強まるわけではありません(単純接触効果における倦怠効果)。[14] [15]

をしていました。しかし、2020年に山梨県立大学に着任して甲府市に引っ越してからは、原発の情報に触れる機会がほとんどなくなりました（大学では経営学系の授業を担当していて、主な研究領域は行動科学であるため、私生活だけでなく仕事上でも原発の情報に触れる機会はほとんどありません）。

ただし、原発に触れる機会がゼロになったわけではありません。今の私にとって原発の情報に触れる機会は、ニュースで原発のトラブルが報じられた時、甲府駅前で定期的に行われている反原発運動を目撃した時、街中に掲示されている政党ポスターで脱原発が主張されている時くらいです（おそらく、一般読者の方も同じような状況でしょう）。

このように原発の情報に触れる機会があったとしても、その情報はほぼ例外なくネガティブな情報ばかりです。現在の日本はこのような状況であるため、1F事故から10年以上経過しても一定数の国民が原発に否定的な意見を持っていることは、ある意味、当然のようにも思えます。

最近は日本中のどこに行っても太陽光パネルや風力発電の風車が目に入るようになりました。美しい景観の中に大規模な太陽光パネルが存在することについて否定的な意見もありますが、どこに行っても再エネの設備を見る機会があるということは、単純接触効果の観点から考えると再エネに対するポジティブな評価を高めることに寄与するでしょう。

一方、原発は人里離れた場所に立地しており、一般の人々が実際に目で見る機会はほとんどないので、単純接触効果の観点で再エネに対して著しく不利です。一般の人々が普段の生活の中で再エネの情報に触れる機会があるように、原発の情報にも触れる機会を作れないでしょうか。

ここでは1つのわかりやすい例として「**電柱を利用した情報発信**」という方法を考えてみましょう。内容は単純です。電力会社が所有する電柱に原発の情報(例:この電気の○%は原発で作られました)を掲示するという電柱広告の一種です。広告と言うと語弊があるかもしれませんが、原発の情報(ファクト)にただ触れさせるだけです。

例えば、「原発は温暖化防止のために必要です」という積極的なメッセージを伝えようとすると、心理的な抵抗が起きて逆効果になる可能性が高いです。仮に本書を読んでいるあなた自身が原発推進派だとしましょう。街中の電柱に「原発は危険である」という原発反対派のメッセージが多数掲示されていたら、おそらく気分を害するでしょう。

先ほども述べたとおり、政府や電力会社にとって都合の良い方向へ人々を誘導するのは「公知性の原則」の観点から問題があります。行動科学の知見は、それぞれの市民や社会にとって望ましい行動をとれるように手助けするために使われるべきです。現状では、社会の人々は「再エネと比べて原発に触れる機会が皆無であり、触れるとしてもネガティブな情報ばかり」という環境に置かれていて、原発の必要性や価値を正しく認識できていない可能性があります。

このような問題を是正するために、電柱広告を利用して、「普段使っている電気には原発の電気が含まれている」という事実を認識してもらう必要があると私は考えています。この事実は原子力関係者であれば電柱に掲示するまでもなく当然に思えることでしょう。しかし、原子力業界と接する機会のない市民にとってはほとんど意識にのぼらないことですので、電柱広告などを使って日常的に接触する機会を増やすことには一定の効果があると考えられます。*

---

* ただし、既にネガティブな印象を持っている対象については単純接触効果が生じにくいという研究結果もありますので、原発に強固に反対している人には効果がなかったり、場合によっては逆効果になるかもしれません。[16]

公知性の原則の観点からもっとも注意すべきことは「**中立性**」です。原発の必要性を訴えるような内容ではないとしても街中の電柱に原発のことだけが書かれていたら、人々は原子力関係者の企みを疑うでしょうし、原発に偏った情報だけを発信するのは公平とは言えません。公知性の原則から考えれば、電柱広告の目的は「エネルギー問題に対する関心を高める」や「エネルギー問題について事実を知ってもらう」という位置付けが望ましいでしょう。

そこで、電柱1本ごとに「この電気の○%は火力発電で作られました」「この電気の○%は太陽光発電で作られました」のように電力

図13　電柱を利用した情報発信

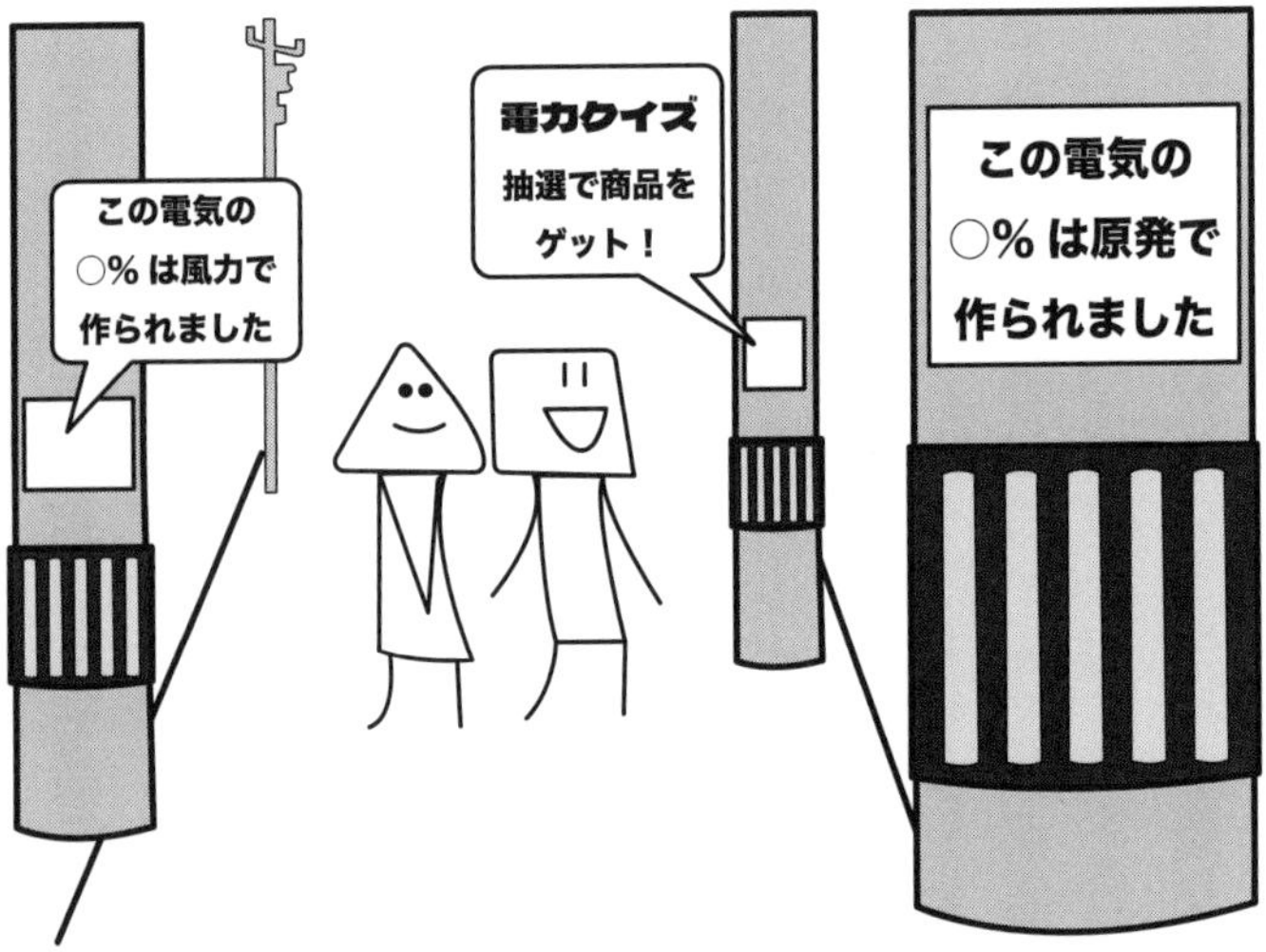

やエネルギーに関する事実（業界関係者なら当然知っているけれど、一般の人々は知らないような事実）を特定の立場に偏ることなく公平に掲示していくのが望ましいと思います（**図13**）。このような方法であれば、街中の電柱にエネルギー問題に関する情報が掲示されていることを市民が不審に思ったとしても、正当性を公然と主張できるでしょう（むしろ、正当性を自ら積極的にアピールできるような企画が望まれます）。

電柱を使ってエネルギーに関する情報を掲示する場合は、無味乾燥な内容ではなく、人々が見ていて面白いと思えるような企画（街中が明るくなるような企画）が望まれます。例えば、「世界で原発は増えている？減っている？」のような問題形式も入れてＱＲコードからスマホでアクセスできるようにすれば、人々の興味を引くことができるかもしれません。子供が興味を持って親に尋ねるような教育的問題や、街を歩き回って問題形式の電柱広告を探して一定数の問題に正解することができたら抽選で景品がもらえるなどゲーム感覚*で楽しめるようにすれば、社会の注目を集めやすいと思います。

＊ このようにゲームの要素を取り入れて利用者の意欲や教育効果を高める手法はゲーミフィケーション（gamification）と呼ばれていて、社会的関心が高まっています。

（5）類似性バイアス

「類は友を呼ぶ」と言われるように、私たちは自分と似た人を好んでコミュニティを形成することが多いです。このような現象は「**類似性バイアス**（similarity bias）」によって説明できます。類似性バイアスとは、自分と同じような属性や考え方の人には好感を持ったり信頼できると感じる認知バイアスです。ダイバーシティ＆インクルージョンの重要性が叫ばれる昨今ですが、類似性バイアスによって自分たちと同じ属性（国籍や性別など）の人を無意識に高く評価（贔屓《ひいき》）していることが、多様な人材を受け入れたり活用したりする組織が増えない１つの要因と考えられています。

類似性バイアスの古典的な研究として、米国の心理学者バーンとネルソンの研究が知られています。[17] この研究では、実験参加者は様々な質問（子供の教育やガーデニングなどに対する態度）に回答した後、別の見知らぬ人物（架空のターゲット）が同じ質問に回答した結果を見せられました。その際に見せられるターゲットの回答は、実験参加者の回答との類似性が33％、50％、67％、１００％のいずれかになるように操作されていました。その上で、実験参加者はターゲットの魅力（好感度や一緒に働きたいか）を評価しました。実験の結果、類似性と対人魅力度は直線的な比例関係になることが示されました。

このように、自分と類似性の高い人ほど魅力的に感じるという現象は「類似性魅力仮説」と呼ばれています（対人魅力には知性や信頼感など様々な要素が含まれます）。類似性が対人魅力を高める理由は、自分の考えの正しさを確認できて安心したり、相手の理解が容易になることなどが影響していると考えられています。

類似性バイアスの研究から言えることは、**人々から好意や信頼を獲得するために有力な1つの方法は「自分と似ている」と感じてもらうこと**です[18]。これまでの類似性バイアスの研究では基本的に個人の対人魅力度（個人に対する好感や信頼感）をテーマとして様々な実験が行われてきたのですが、個人の集合体である組織にもこの考え方は適用できると考えられます。つまり、自分と同じような考え方の組織には好感や信頼感を抱きやすいのに対して、自分と異なる考え方を主張しているような組織を好ましく思ったり信頼したりすることは難しいでしょう。

原発推進派と原発反対派がまったく歩み寄ることができず、いつまでも激しく対立している問題は、類似性バイアスが一定の影響を及ぼしている可能性があります。


前述のとおり、私はもともと電力会社で働いていて、転職後も電力関係の調査機関でしばらく働いていたので、基本的に私と交流のある業界関係者は原発に対して肯定的な意見を持っています（例外の人もいますが）。私がこれまで依頼されてきたエネルギー関係の講演も、ほとんどが原発に対して肯定的な人々の集まりでした。

一方で、実は私は電力関係の仕事をしながら、原発反対派の会合にも何度か参加したことがあります（仕事とは関係なくプライベートで参加していました）。その理由は、原発反対派の人たちがどういう議論をしているのか興味があったためです。

推進派と反対派の双方の会合に何度か参加した経験から、「類似性バイアス」

がかなり強力に作用していると感じました。それぞれの参加者はまったく真逆の考え方をしていて、信頼する情報源も大きく異なります。しかし、「自分と似ている考え方の人には強く賛同する」という点は両者に驚くほど共通していました。

私自身は原発に対してどちらかと言うと中立的な立場をとっているつもりで、特に原発推進／原発反対に関しては強い意見を持っていません。ここで中立的というのは「客観的」という意味ではなくて、「原発に対して強い賛成でも強い反対でもない」という意味です（バイアスの影響でヒューマンが客観的になれないことは自分でもよく理解しています）。

もう少し具体的に言えば、**「民主主義に従って、多くの国民が原発利用を望むのであれば原発を使うべきで、脱原発を望むのであれば原発はやめるべき」**というやや他人任せな考え方をしています。原発というのはうまく使えば人類にとって有益なエネルギーになるとは思います。しかし、原発にはどうしても事故のリスクが伴い、事故の被害を受けるのは専門家ではなく一般市民なので、専門家だけで議論して決めるのではなく、一般市民が主体になって決めるべき問題だと私は考えています。
ただし、国民投票や世論調査という直接的な方法で原発の問題を決めるのは行動科学的に問題が大きいので、私は賛成できません。一般に、国民投票や世論調査では、膨大な投票者数（回答者数）に対して1人の意見が及ぼす影響力は僅かであるため、自分1人の意見で結果が変わる可能性は限りなくゼロに近いです。そのことは誰でもわかっているので、政策について一生懸命調べたり、わざわざ投票に行くということは合理的ではない（コストが便益を上回る）と考えて、市民が政策課題に無知・無関心となる現象は「**合理的無知**（rational ignorance）」と呼ばれます。[19]
合理的無知の問題に対処する1つのアプローチとして、「**討論型世論調査**（deliberative poll）」という方法があります。[20] そのような手法をうまく使って原発の問題を国民が主体的に決められるようになることが望ましいと私は考えています（コラム⑤参照）。

そんな中立的な立場（自称）の私には、**原発の必要性を強く主張している人に**

も、危険性を強く主張している人にも、実はあまり共感できません。両者が主張していることが間違っているとは言いませんが、自分とあまりにも立場が異なるので（つまり、類似性バイアスが働かないので）、どうしても共感できないのです。

おそらく、私のように「原発に対して中立的な人」は少なくないでしょう。実際、原発の世論調査では、「原発賛成」や「原発反対」よりも「わからない」という意見の人が多いという結果も見られます。

また、私が所属する山梨県立大学の学生を対象に「日本が原発を利用することをどう思いますか」とアンケートしたところ、**一番多かったのは「賛成」や「反対」ではなく「わからない」という回答でした。**＊そのように賛成でも反対でもない「中立的な人」は、私と同じように原発推進派と反対派のどちらにも共感できないのではないでしょうか。

原発問題の1つの特徴として、原発推進派と反対派に二極化していることが挙げられます。政府や電力会社は原発の必要性を強く主張し、環境団体や一部の政党は原発が不要であると強く主張しています。類似性バイアスの観点から考えれ

＊ プロスペクト理論のところでも述べたように、「脱原発したら、自分がどれくらい損失を被るのか（もしくは損失を被らないのか）」という基本的な情報すらよくわからない状況なので、「わからない」と回答するのは普通の反応だと思います。むしろ、「賛成」や「反対」と答えられる方が私には不思議です。

ば、「中立的な人々」が信頼できるのは「自分と似ている組織」、つまり「中立的な組織」ということになるでしょう。しかし、現状の日本を見渡して、原発に関して中立的な組織はほとんど見当たりません。

インターネットで原発について調べれば、政府や電力会社が発信している推進派の情報と、環境団体等が発信している反対派の情報で溢れています。また、書店に行けば原発に関する書籍がいくつも並んでいますが、推進派と反対派のいずれかの立場から書かれた本が多いです。市民団体など比較的中立と思われる組織が発信している情報も一部で見られるものの、電力会社や環境団体が発信している情報と比べると情報量が不足している感は否めません。

このように様々な組織が互いの主張を発信し合う現状は、行動科学の視点から考えて望ましいものではありません。なぜなら、**ヒューマンの情報処理能力には限界があり、情報量が多すぎると情報を理解することを諦めてしまう**ためです。*

例えば、ソーシャルネットワーキングサービス（SNS）のフェイスブックの利用規約は日本語で約1万5千字あり（2023年現在）、日本人の平均読書速

---

* 情報が多すぎることによって、問題の理解や意思決定が困難になる現象は「情報オーバーロード（information overload）」と呼ばれます。

度（600字／分）で計算すると全部読むのに25分かかりますが、そのように時間をかけて利用規約を読む人は少ないでしょう。実際、公正取引委員会のアンケート調査[21]によると、SNSの利用規約を全部読んでいる消費者は6％しかおらず、多くの人は読み飛ばしていることが確認されています（6％もいることが私には意外ですが）。

これまで述べてきたように、行動科学の視点から目指すべき社会の姿は「**人々の判断に必要な情報を適正に伝えて、本人や社会にとって望ましい行動がとれる状態**」だと私は考えています。しかし、日本の原発の状況を例えるなら「混沌とした情報の海」であって、一般市民にはどの情報を信じたらよいのか判断することが非常に難しくなっています（原子力業界を離れてしばらく経つ私にも、現在の原発の情報を調べることは簡単ではありません）。

このような問題を解消するために、「**原発に関する中立的情報機関**」を新たに作ることが望ましいと私は考えています（**図14**）。合理的な人間（エコン）の場合は、情報が事実であれば誰が発信しているかということは重要ではないでしょう。しかし、類似性バイアスが作用するヒューマンの場合は、情報の信憑《しんぴょう》性だけでなく「自分と類似する人や組織」が発信する情報であるか否かが、その受け止め方に大きく影響します。

　中立的情報機関に求められる要件は大きく2つです。第1の要件は、「**客観的に見て中立**」ということです。具体的には、原発推進派（政府や電力会社）と反対派（環境団体等）の両者で組織のメンバーを構成して、社会に発信する資料を共同で作成します。その中立的情報機関が原発に関する情報を一元化して発信することで、市民は他の雑多な情報を見る

図14　中立的情報機関

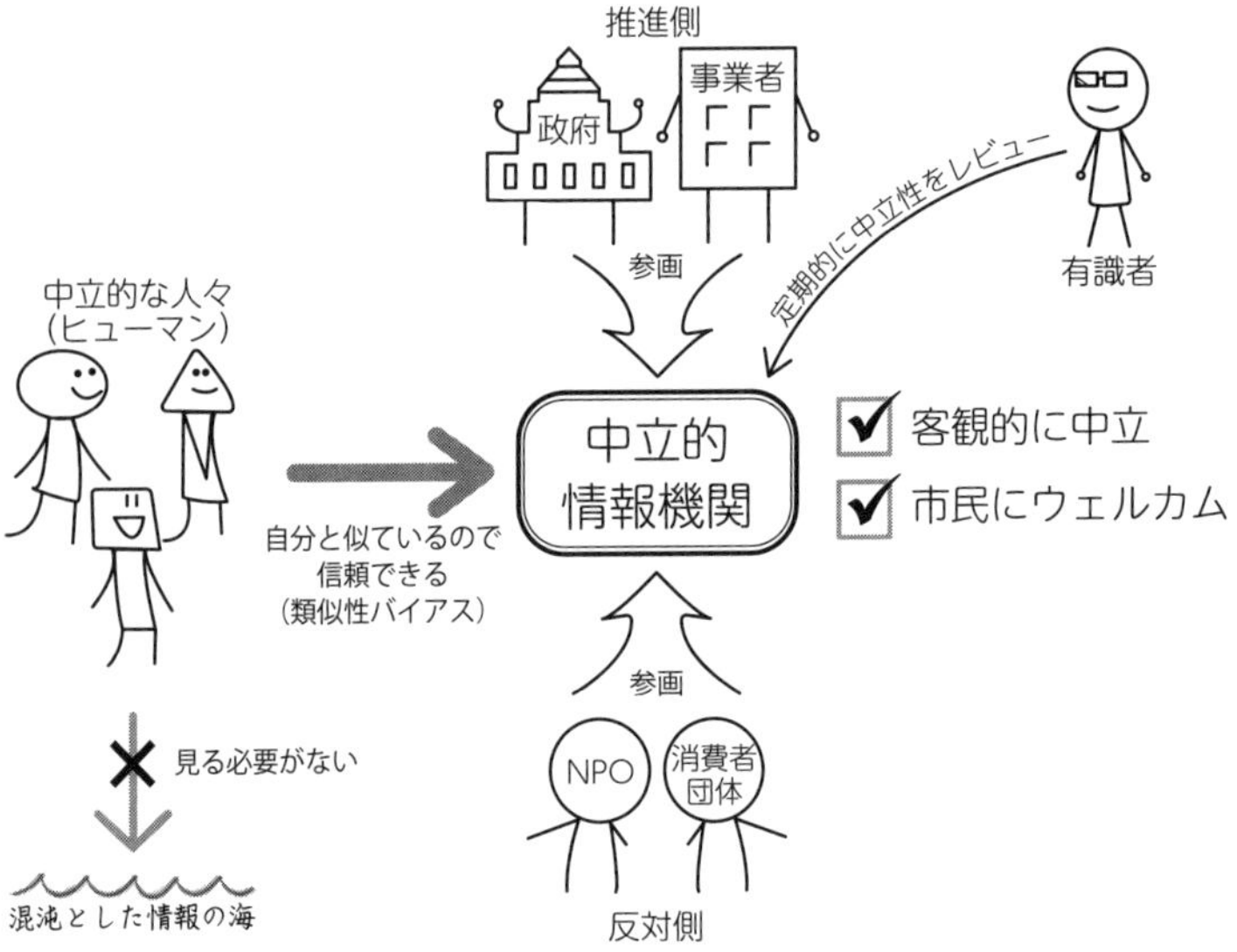

必要がなくなります。推進側と反対側で意見が一致しない点は注釈などに記載することで、どこまで一致していてどこで対立しているのかを明確にすることができます。そして、定期的に外部の有識者が中立的情報機関の公正性や中立性を客観的にレビュー（評価）することで、市民は安心して信頼できるようなるでしょう。

このように原発推進派と反対派が一緒に情報発信をするということは非現実的に思えるかもしれません。しかし、実は韓国で２０１７年に行われた討論型世論調査の際は、このような中立的組織が作られて、推進派と反対派が共同して情報発信などを行いました。* 韓国の場合は数か月間の時限的な組織だったのですが、そのような中立的組織を恒久的に設置することも可能だと私は考えています。

第2の要件は、「**市民に対してウェルカムな組織**」です。イメージしやすい例として「新型コロナワクチンの相談窓口」を考えてみてください。例えば、私の住んでいる山梨県には、新型コロナワクチン専門相談ダイヤルが設置されていて、土日祝日を含む毎日9時から21時まで看護師などの専門知識をもつスタッフがワクチンに関するあらゆる相談にのってくれます（２０２３年現在）[24]。さらに外国

＊ 詳細は拙稿［22］［23］をご参照ください。

語（英語や中国語だけでなく、クメール語やシンハラ語などを含む21言語）での相談も受け付けていて、ダイバーシティ推進社会として模範的な取り組みと言えるでしょう。

原発とコロナワクチンでは社会の関心度が異なるため、土日祝日も相談できる体制を整えたり、山梨県のように21言語に対応する必要があるのかは、さらに検討しながら現実的な体制を考えていくべきですが、もっとも重要なことは「社会の誰に対してもウェルカム」という点です。政府や電力会社、環境団体、市民団体など、原発の情報を発信している組織はいくつか存在するものの、コロナワクチン相談窓口のように誰に対してもウェルカムな組織（疑問に思ったことを気軽に相談できる組織）は私の知る限り見当たりません。*

私は、討論型世論調査を参考にした討議（学生が対象）に運営側として関わったことがあります。討論型世論調査では一般市民が専門家に直接質問できる機会を与えている点が特にユニークです。**普段は原発政策やエネルギー問題について深く考えていない人でも、専門家に直接質問できる機会が与えられると熱心に資**

＊ 私はこの本の原稿を執筆するにあたって、原発に関する最新情報を調べるのに結構苦労しました。以前の同僚や知人に聞くことも考えましたが、電力会社も調査機関も一般市民からの問い合わせを歓迎しているわけではないので頼れませんでした。原子力業界で仕事をしていた私でもためらってしまうのですから、一般の人が電力会社などに問い合わせるのは容易ではないと思います。

料を読んだり討論に参加したりして、自分事として考えるようになります。

現状では、一般市民が原発政策について専門家に質問できる機会はほとんどありませんが、中立的情報機関が設置されて誰でも専門家に質問できるような環境が整えば、人々の意識や行動が変わる可能性もあると私は考えています。

4章のまとめ

この章では、行動科学（ナッジ）の視点から原子力に関する社会的問題を解消するために有効と考えられる方策をいくつか提案しました。ナッジの考え方をわかりやすく伝えるために極端な設定や表現が多くなり、逆に読者の理解や共感が難しくなってしまった部分もあるかもしれません。特に原発に対して否定的な読者には「原発賛成に誘導するような主張」と受け止められた可能性も考えられますが、そのような意図で本章を執筆したわけではありません。

ただ、社会の人々は「原発の情報に触れるとしたらトラブルが起きたときだけ」という環境に置かれているため、既に原発に否定的な方向にナッジされている可能性があります。そのような状態を中立的な判断ができる状態に変えることは、必ずしも否定されるべきではないと私は考えています。

　今回提案したすべての方法を実現するのは難しいかもしれませんが、ナッジという新しい視点で社会との関係性や情報発信のあり方を見直すことは原子力に関わるすべての人にとって有益だと思います。本章がそのような議論の契機になることを願っています。

コラム④ ナッジの考え方

ナッジの中核を成す考え方として「**リバタリアン・パターナリズム（Libertarian Paternalism）**」というものがあります。[5]元になるリバタリアニズムとパターナリズムは、いずれも政治哲学分野の用語です。

リバタリアニズム（自由至上主義）は個人の自由を何よりも重んじるという考え方です。しかし、1章で述べたようにヒューマンには様々なバイアスや人間心理が作用するため、個人の自由にすべてを委ねると本人が望ましくない行動をしてしまう場合も少なくありません。例えば、国民年金制度を廃止して老後資金の貯蓄を個人の自由に任せてしまうと、定年後に貯蓄が不足して困窮する人が続出する可能性があります。

それに対してパターナリズム（父権主義）は、強い立場にある者（政府など）が弱い立場の者（市民など）の行動に積極的に介入すべきという考え方です。例えば、政府が年金制度の保険料を大幅に引き上げて老後に必要な資金を強制的に納付させれば、老後を豊かに暮らせる人が増えるかもしれませんが、定年前に自由に使えるお金が少なくなって本人が望んでいる生き方を阻害する可能性もあります。

　これらに対して、リバタリアン・パターナリズム（すなわち、ナッジ）では両者の考え方を矛盾しないようにバランスよく取り入れたアプローチを目指しています。つまり、**個人の自由を尊重しつつ、政府や組織が適切に介入して、本人や社会にとって望ましい行動がとれるように手助けする**という考え方です。

　４章では、ナッジの考え方を応用して原子力の社会的な問題を解消するための方法をいくつか提案しましたが、「社会の人々が原発の利用に賛成するように認知バイアスや人間心理を利用する」というのはナッジではなく、原子力関係者にとって都合の良いパターナリズムです。* ナッジは、人々の選択の自由を尊重するものでなければなりません。

　一般に、人間は「自分には選択や行動の自由がある」という意識を持って

＊ 行動科学の知見を悪用して、私利私欲のために社会の人々の行動を操作したり、本人にとって望ましい行動を妨害したりすることは「スラッジ（sludge）」と呼ばれています。[25] [26]

います。こうした自由を外部から脅かされた場合、その働きかけに対する抵抗が生じます。例えば、他者から何かを指図されると、それに反発して従うことを拒否したり、指図とは逆の行動をしてしまうことがあります。このような現象を「**心理的リアクタンス**（psychological reactance）」と呼びます[27]。

英単語のナッジ（nudge）は「肘で軽くつつく」という意味です。政府や原子力関係者が自分たちの望みのために人々を無理やり押そうとしても、心理的リアクタンスが働いて逆効果になるだけでしょう。

コラム⑤ 討論型世論調査（DP）

政治への不信や社会の分断を少しでも是正するための新たな政治理論として「**討議デモクラシー**（Deliberative Democracy）」への関心が高まっています。討議デモクラシー（ミニ・パブリックス*）とは、特定のテーマについて無作為抽出で選ばれた一般市民が集まり、専門家の意見も聞きながら討議する形態の民主主義のことで、20世紀末に登場した比較的新しい概念です。討議デモクラシーには、コンセンサス会議や計画細胞会議、討論型世論調査（Deliberative Poll：DP）などの様々な手法があります。このうちDPは、2012年に日本のエネルギー政策に関して実施されたこともあり、記憶に残っている読者もいるかもしれません。[28]

DPのイメージを**図15**に示します。まず母集団（有権者）から数百人の市民代表者（討議集団）を無作為抽出によって選びます。選ばれた討議集団は、資料などを用いて討論テーマ（政策課題）について学習した後、1か所に集

＊ DPのように無作為抽出した一般市民を集めて社会の縮図を作った上で、学習や話し合いを通じて熟議的な民主主義を実現しようとする方法をミニ・パブリックスと言います。討議デモクラシーには、ミニ・パブリックス型以外にも市民議会や参加型予算などの手法もあります。

まって少人数に分かれてグループディスカッションや専門家への質問などを行います。そして最後に、討議集団のメンバー1人ひとりが投票によって意思表明します。

通常の世論調査や国民投票と比べて、DPでは参加者を数百人に限定して1票の重みを増すことで、4章で説明した「合理的無知」を抑えることができます。また、DPには様々な意見の市民が参加するので、日常生活では意見を交えることのない市民同士が討論することで「**熟**

図15　討論型世論調査（DP）のイメージ [29]

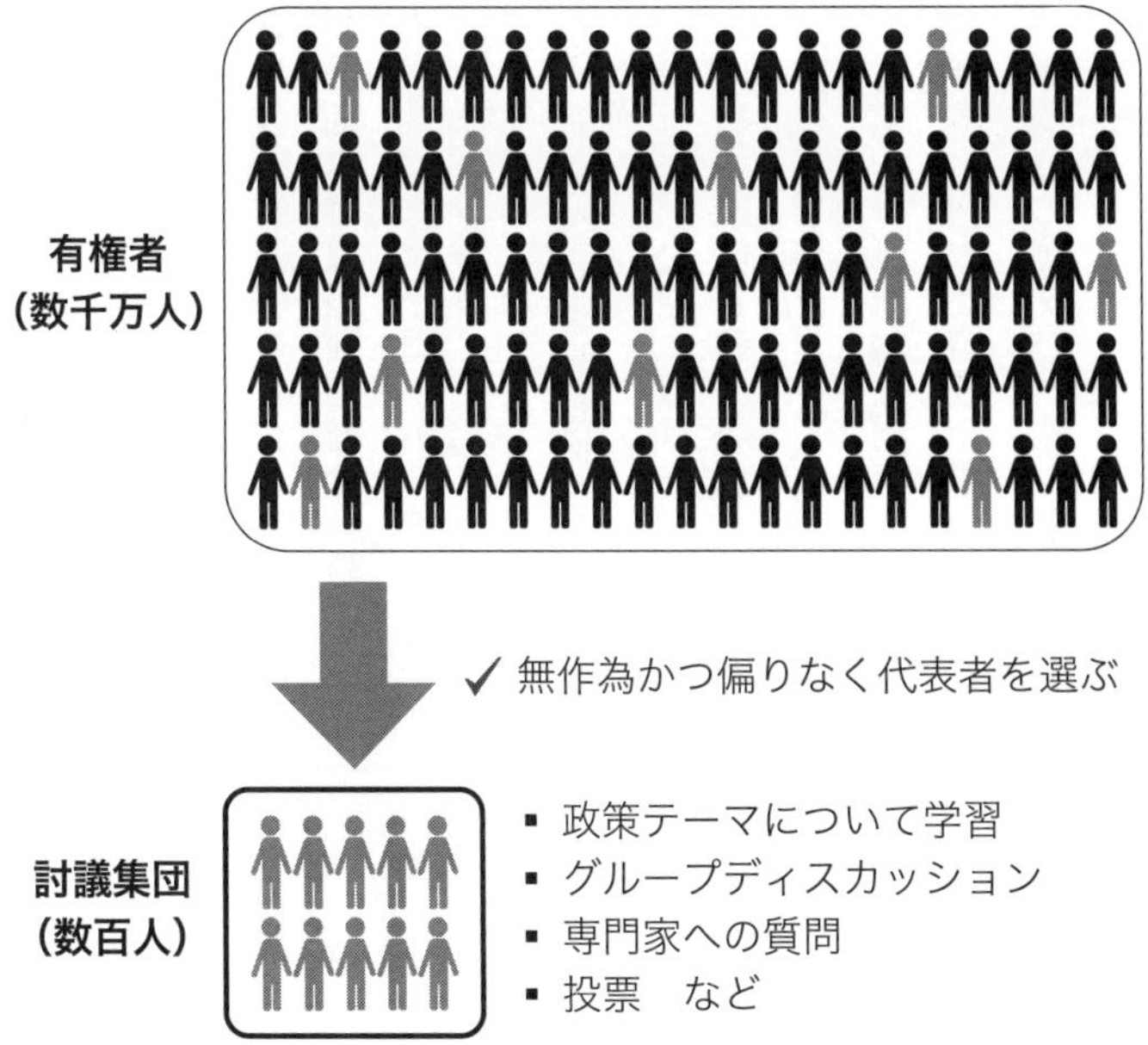

慮した意見」が形成されやすくなります。討議集団を有権者から無作為かつ偏りなく選べば、統計学的には討議集団の出した結論を有権者の代表意見（つまり、熟慮した民意）とみなすことができます。

私は日本と韓国で行われた原子力政策に関する大規模なＤＰを比較分析したことがありますので、もしＤＰに関心があれば拙稿[23]「原子力政策の意思決定と討議デモクラシー：日韓の討論型世論調査の比較分析」をご参照くださ い（インターネットで公開されています）。

5章　原子力関係者をナッジする

第一の原則は、自分自身を騙してはならないということである。自分というのは、もっとも騙しやすい人間なのだ。（リチャード・ファインマン）

1章でも触れたように、行動経済学（ナッジ）が世界的なブームになっていて、日本でもナッジという言葉を見聞きする機会が多くあります。従来のナッジでは、ナッジする側（選択アーキテクト*と呼びます）は政府や企業などであるのに対して、ナッジされる側は権力や情報の面で劣る一般市民（ヒューマン）という関係です。

実は、このような権力差や情報の非対称性については様々な批判もされています。典型的な批判として「**透明性の問題**」があります。一般的なナッジでは、選

＊ 選択アーキテクトとは「選択の設計者」という意味です。例えば、1章で紹介した臓器提供の意思表示をオプトインとオプトアウトのどちらにするか決める政府も、従業員に退職金積み立てプランをいくつか用意する事業主も、レストランのメニューの並び順を考える料理人も、人の選択や行動に影響を与えることができるので選択アーキテクトです。

択アーキテクト側（政府など）の意図を知らないままヒューマンは選択や行動をすることになります。例えば、1章で紹介した臓器提供のオプトアウト国の場合、「人間はデフォルトを選びやすくなる」という認知バイアスを理解しないまま臓器提供に同意している人は少なくないでしょう。それが社会全体の利益になるとしても、本人にとって望ましい選択であるかは疑問の余地が残ります。

このように従来のナッジは看過できない問題を抱えているわけですが、近年は、「**セルフナッジ**（self-nudging）」という方法が欧米の研究者の間で注目されています。セルフナッジとは、**自分自身が選択アーキテクトになって自らの認知バイアスなどを利用して望ましい選択や行動をとれるようにする方法**のことです。セルフナッジの場合は、ナッジする側とナッジされる側が自分自身で同一であるため、ナッジの抱える「透明性の問題」を解消できるという利点があります。[1]

例えば、ヨーロッパで行われた研究では、英国人331名を対象に果物の摂取というテーマでセルフナッジの実験を行いました。[2] この実験では、半数の実験参加者はナッジについて説明を受けた上で、「食べたい果物をあらかじめ切っておく」「冷蔵庫の中で見えやすい場所に果物を置く」など計6つのセルフナッジ候補から好きな方法を1つ選んで2か月間実行しました。*

実験の結果、セルフナッジの指示を受けた実験参加者は果物を多く摂取する傾向が確認されました。さらに実験後のアンケート調査では、セルフナッジを行った人々の多くは「セルフナッジの実行は簡単である」「セルフナッジは果物の摂取を増やすために役立った」などセルフナッジに対して肯定的な回答をしました。

このようにセルフナッジでは、**自分自身の不合理さ**（**認知バイアスや人間心理**）**を理解した上で、それを自分で利用して、望ましい行動**（**例：果物を毎日食べる**）**を促そうとします。**簡単に言えば、従来のナッジは「ヒューマンが積極的に望んでいるわけではないけれど、政府などが肘で軽くつついてやる」という方法であるのに対して、セルフナッジは「**ヒューマンが自ら望んで、自分を肘で軽くつついてやる**」という方法です。

本章では、セルフナッジの考え方を応用して、「原子力関係者が自分たちの認知バイアスや人間心理を利用して、望ましい行動をとる方法」（セルフナッジ策）

＊ 前者は「アクセシビリティバイアス」（容易にアクセスできる選択肢を選びやすい）、後者は「顕現性バイアス」（目立つ選択肢を重要と認識しやすい）を利用したセルフナッジです。

をいくつか提案していきます。ここでは原子力業界を例に挙げて説明していますが、原子力以外の様々な業界で働く人々の安全行動や倫理的行動を促すためにも応用できるでしょう。

(1) 損失フレームから利得フレームへの転換

認知バイアスや人間心理の観点から人間の非倫理的行動（不正や犯罪など）を研究する学問は「**行動倫理学**（behavioral ethics）」[3]と呼ばれていて、欧米の研究者の間で関心が高まっています。従来の倫理学は「人間は、このように行動すべきだ」という義務論的（理想主義的）な考え方が中心であるのに対して、行動倫理学では「実際の人間は不合理であり、頭で倫理の重要性を理解していても、認知バイアスや人間心理が作用して、非倫理的行動をとってしまう」という現実主義的な考え方をしています。[4]

4章のプロスペクト理論のところで説明したとおり、人間は利得よりも損失を過度に恐れる傾向があり、それを「**損失回避性**」と呼びます。例えば、「じゃんけんに勝ったら1万円もらえるけれど、負けたら5千円払わなければならない」

というゲームがあった場合、期待値で考えればゲームに参加した方が合理的ですが、実際に質問すると参加を希望する人はほとんどいません。

この「**損失回避性**」と「**フレーミング効果**」に着目して、私は行動倫理学の実験をしたことがあります。[5] フレーミング効果とは、同じ意味の選択肢でもその表現（フレーム）が違えば、受ける印象が大きく変わるという現象です。[6] 例えば、「5万円もらえる」という状況は誰でも喜ぶはずです。しかし、「10万円もらった後で、5万円を失う」という状況は同じように喜べない人もいるでしょう。実質的には、どちらも5万円もらえるということに変わりないのですが、状況を利得として認識するか、損失として認識するかで、受ける印象は大きく異なります。

その実験では、43人の大学生を「報酬条件（利得フレーム条件）」と「罰金条件（損失フレーム条件）」に分けて、制限時間内に問題（全20問）を解答させました。報酬条件では正答数が増えると報酬も高くなるのに対して、罰金条件では事前にお金を渡しておいて、正答数が少ないほど罰金が高くなるという設定でした（どちらも1問あたりの金銭的インセンティブは同じです）。そして、両方の条件の実験参加者には、問題に解答した後で解答用紙をゴミ箱に捨てさせてから、正答数を紙に記入して自己申告してもらいました。解答用紙は無記名であり、正答数を知っているのは本人だけなので、いくらでも不正（虚偽申告）ができるという状況です。しかし、実際の解答用紙には実験参加者に気づかれない細工がしてあり、ゴミ箱から解答用紙を回収すれば解答用紙と申告用紙を紐付けできて、不正の有無が調べられるという状態でした（ただし、解答用紙も申告用紙も無記名なので、誰が不正をしたのかはわかりません）。

実験の結果、報酬条件では1人も不正しなかったのに対して、現金を先に渡した罰金条件では4人に1人が不正（虚偽申告）するという結果になりました。どちらの条件も得られるお金は同じなのですが、**「問題を間違えると罰金を取られる」と認識すると、損失を過度に恐れて不正をしてしまう**わけです。

それでは、フレーミング効果の観点から原子力の問題を考えてみましょう。1F事故前の原子力関係者は、トラブルなどで原発が稼働停止になることを極端に恐れていました。例えば、私が働いていた原発では「**プラントが停止したら1日**

1億円の損失になる」と日頃から言われていて、当時の私にとって非常に強いプレッシャーになっていました。

ここで少し私の具体的な経験を紹介します。原発でもっとも緊張感の高い場面の1つとして、原発の起動操作時に発電機を送電線に繋ぐ「並列操作」*と呼ばれる操作があります。当時まだ未熟な運転員だった私ですが、この並列操作時に原子炉の反応度操作をやりたいと強く主張して、それを担当させてもらう機会がありました（シミュレーターの朝練だけでなく、色々なところで周囲の人に迷惑をかけていたと今更ながら反省しています）。具体的に何をするかというと、発電機が並列して送電を開始した瞬間に、原子炉の核分裂をコントロールする制御棒を一気に引き抜いて、原子炉内の反応度を上昇させるのです。少しでも操作を間違うと、原子炉がスクラム（自動停止）するリスクの高い作業です。

当時の私の頭にあったのは「安全や危険」ということではなく、「失敗したら1億円の損失になる」ということでした（仮に失敗しても、原子炉は自動停止するので、大事故にはならないと思っていました）。このように「少しでもミスしたら1億円の損失になる」という状況は滅多に経験するものではありません。お

＊ 発電所の発電機が送電線に繋がって電気を送れる状態を「並列」、送電線から切り離された状態を「解列」といいます。並列するには、発電機の回転速度と送電線の周波数を合わせる必要があります。

そらく、誰でもそのような状況になれば「絶対にミスできない」という強いプレッシャーを感じるはずです。また、仮に少しミスしたとしても「失敗がバレないのであれば隠したい」と思う人もいるでしょう。

幸いにも私はミスすることなく並列操作を乗り切ったのですが、現場で働いていた時は「失敗したら1億円の損失になる」という緊張感を常に持って仕事をしていました。現場で働いていた時に私は小さなミスを色々としたものの、プラントを停止したり出力を下げるような大きな失敗はありませんでした。しかし、ある同僚がちょっとした操作ミスをしてしまい、原発の出力を下げるという事故が起きました（安全上は問題のない事故でしたが、新聞で報道されました）。その時、私の頭にあったのは「数千万円の損失が生じた」ということでした。その同僚はしばらく落ち込んでいましたが、おそらく本人も損失を発生させたことを悔やんでいたのではないかと思います。

このように、自分のちょっとしたミスで数千万円から数億円の損失が生じるという状況は、**従業員に「絶対にプラントを止めてはならない」というプレッシャーを与える上では非常に効果的**だと思います。しかしその反面、**不正などの望まし**

ない行動を助長することにも繋がっていると考えられます。実際、原発に関する過去の事件で従業員が不都合なことを隠したり、ルール違反をしてしまう主要な理由の1つが「プラントを停止するわけにはいかない」というものです。[7]

行動科学分野の研究によって、**人間は同じ状況でも「損失」として認識すれば不正やリスキーな判断をしやすくなり、逆に「利得」として認識すれば倫理的に正しい行動や慎重な判断をしやすくなる**ことが明らかになっています（**表1**）。

私は、原発関係者の置かれた状況を現状の損失フレームから利得フレームに転換することで、不正やリスキーな行動を抑制できる可能性があると考えています。現状では、「原発が稼働している状態」を基準として考えるため「原発が停止したら1億円の損失になる」と認識されています。しかし、**「原発が停止している状態」を基準として考えれば、「原発が稼働したら1億円の利得になる」という利得**

表1　損失フレームから利得フレームへの転換

現状	損失フレーム （原発停止で1日1億円の損失）	✓非倫理的な行動をしやすい ✓リスキーな判断をしやすい
新しい形	利得フレーム （原発稼働で1日1億円の利得）	✓倫理的な行動をしやすい ✓慎重な判断をしやすい

フレームに転換することが可能でしょう。

おそらく、利得フレームに転換すると、「絶対にプラントを停止してはならない」というプレッシャーは今よりも弱まるため、プラントの稼働率は下がる可能性があります。それは経営的な視点で見ればデメリットになり得るかもしれませんが、経営者が収益より安全や倫理を優先したいのであれば、利得フレームに転換するメリットの方が上回ると考えられます。

原子力業界以外のプラントや工場でも「停止したら数千万円から数億円の損失になる」と認識されているのであれば、利得フレームに転換することで従業員の望ましい行動を促せる可能性があります。

（2）安全対策費のデフォルト化

人間の不合理（認知バイアスや人間心理）を利用する「ナッジ」には色々な方法があります。その中でも、もっとも強力なナッジの1つが「**デフォルト化**」です。1章で紹介したように、臓器提供の意思表示で「同意する」をデフォルト（オプトアウト）にすれば多くの人が臓器提供に同意することが実際の調査でわかっています。

デフォルトの力を実感する例は身のまわりにたくさんあります。読者のみなさんの中にはスマホの着信音やメッセージ通知音をデフォルトのままにしている人もいると思います（私もそうです）。他の人のスマホの音を聞いて、自分のスマホを間違って確認してしまうという経験をしたことがある人もいるのではないでしょうか。

合理的に考えれば音を変えた方が便利ですし、簡単に変えることができるわけですが、実際にはデフォルトの力に屈してデフォルトから変更しない人は少なくありません。私が実施したインターネット調査*では、約7割の人が着信音をデフォルトから変更していませんでした。

このデフォルトの観点から、原発の安全対策について考えていきます。理想的には「原発のようなリスクの高い技術を扱う電力会社は安全最優先で必要な安全対策を講じる」という姿が望まれます。それはエコンなら可能だと思いますが、

＊ 日本国内に居住する20代から60代の男女156名を対象として2023年に実施。

電力会社の経営者もヒューマンであるため、必ずしも理想どおりにはいかないでしょう。特に原子力業界は無謬（完璧であること）が求められるので、設備にトラブルが起こらないように他の産業とは異次元のスペック（品質や性能）で機器を製造します。そのため、非常用発電機などの安全設備を追加する費用が他産業とは桁違いに高くなることが少なくありません。起きるかどうかわからないリスクのために、計画外の費用を数億円支出するというのは、経営者としては非常に難しい判断になるでしょう。

1F事故前の雰囲気について、ある電力会社の社員は以下のように述べています。

「リスク分析をして安全性に弱い部分があることがわかったとして、そういうものを脈絡なしで『こういう安全対策を提案します』って言って、すぐに上層部に上がるかっていうと、結構根回しが必要になります。なんで今必要なのとか説明しなくちゃなりませんし、事前に予算を取っていないとできないので、いつ・いくらの費用が発生しますみたいなことをやんなくちゃいけないです。**新しい安全対策を提案しても、会社としてその提案を『わかった。すぐに変えましょう』みたいな雰囲気ではなかったんじゃないかなと思います。」**

「**安全の担当者や部署が『新しい安全対策をやろうぜ』って言ってもできる話は結構限られてしまうんですよね。**本社の1つの部署なんで、お金をそんなにたくさん持っているわけじゃないですし、こういう対策が必要かもねと思って提案したところで、『いやいや、そんなの後回しだろう。だいたい、いつそんなことが起きるんだね』みたいな感じで、結局はね返されちゃうようなマインドが1F事故前はあったかもしれないと思います。つまり、シビアアクシデント（重大事故）対策として重要だと言ったところで、『そんなのいつ起こるんだよ』って言われたときに、定量的にも定性的にもエビデンスを持ってないわけです。**いつか地震がくるかもしれない、大きな津波がくるかもしれないと言ったところで、『お前、何か定量的に根拠あんのかよ』って言われると、なかなか苦しかったですね。」**

先ほど述べたフレーミング効果とも少し関係する話ですが、**安全対策費を「計画外の支出」として考えることに1つの問題があるよう**に思います。例えば、非常用発電機が1億円すると仮定した場合、新たなリスクが明らかになって非常用発電機を追加するということは、計画外の支出（経営的には余計な支出）になるわけです。つまり、**デフォルトは「非常用発電機を追加しない」ということになっていて、そのデフォルトから逸脱することがヒューマンの心理的な負担になっている**可能性があります（**表2上**）。

そこで、発想を転換して、**事前に「用途を定めない安全対策予算（例えば5億円）」を計上しておいて、新たなリスクが明らかになった場合にその予算から支出するようにすれば、心理的な印象が変わる**のではないでしょ

表2　安全対策費のデフォルト化

	デフォルト	例：非常用発電機（1億円）が必要
現状	新たなリスクの安全対策費を支出しない	✓ 1億円は計画にない余計な支出であるため、心理的負担が大きい。 ✓ 1億円を支出しない場合は説明不要であるため、心理的負担が小さい。
新しい形	新たなリスクの安全対策費（例：5億円）を支出する	✓ 1億円の支出はデフォルトの範囲内であるため、心理的負担が小さい。 ✓ 5億円を使い切らない場合は社内外で説明が求められるため、心理的負担が大きい。

うか。具体的には、新たなリスク対応のためにその予算を使うことについては最低限の説明だけで済み、逆に、その予算が余った場合に社外（株主など）に説明責任を果たすという方法です。つまり、**予算を使うことをデフォルト（標準）にするという考え方です（表2下）**。

やや奇抜なアイデアに思われるかもしれませんが、実は大学の研究者の世界はこのような状況に近いところがあります。例えば、科研費（正式名称は、科学研究費助成事業）と呼ばれる国の公的な研究費があります。科研費の金額は研究テーマによって異なっていて、数百万円から数億円の規模まで様々です。

私も大学教員になって驚いたのですが、この科研費の特徴として、「**研究費が1円でも余ったら、その理由を説明しなければならない**」というルールになっています。具体的には、年度ごとに使える研究費が決まっていて、年度内の予算に対して実際に使った費用が下回っている場合は、未使用額が発生した経緯などを国に対して説明しなければなりません。

このような制度になった理由を私は知りませんが、行動科学的には「巧みなナッジ」だと思います。例えば、500万円の研究予算のうち1000円くらい余ったのであれば、その理由の説明はそれほど難しくありません。しかし、大半の予算を余らせてしまうと説明に窮するので、**多くの研究者はできる限り予算を使い切ろうとする**でしょう（もちろん研究目的のためです）。

おそらく、この制度がなければ、忙しいなどの理由で研究費を使わない研究者が続出するのではないかと私は予想しています。意外かもしれませんが大学教員も結構忙しいので、なかなか研究を進めることができないのですが、予算を使い切ることをデフォルトにして必死になって研究に取り組ませることは、研究者自身と国の双方にとって望ましい姿だと思います（当然ながら、不要な研究費を使うことは許されません）。

原子力に限らず、様々な産業の現場で新たな安全対策を行おうとすれば、**その支出は会社にとって「予定にない支出」**（**つまり、デフォルトからの逸脱**）**になるので、経営層からは十分に納得できる説明やエビデンスを求められます。**そして、営利目的の企業にとって余計な支出は嬉しいことではないので、提案する担当者はどうしても消極的になってしまいます。それは、ヒューマンなら当然のことです。

一方、**「用途を定めない安全対策予算」の執行がデフォルトになっていて、それを使い切らないと経営層が説明責任を求められて困るという状況であれば、担当者が1億円の安全設備を提案すると、経営層は現状よりも喜んで受け入れやすくなると**考えられます。そのような雰囲気が醸成できれば、担当者は新たな安全対策をもっと提案しやすくなるでしょう。

人間がデフォルトを好むのは後悔を恐れるためだと考えられています[8]。一般論として、デフォルトのまま行動して失敗した場合の後悔よりも、デフォルトから逸脱した行動をとって失敗した場合の後悔の方が大きくなります（余計なことをせずにデフォルトに従えばよかったと思うためです）*。

例えば、「計画されていなかった非常用発電機の費用1億円を支出する」というデフォルトから逸脱した意思決定をした結果、初期トラブルが発生して社会から批判されたら、「何もしなければよかった」と後悔する可能性は高いでしょ

＊ 人間は自分の作為（意図的な行動）によって生じる損失を過度に嫌がるため、不作為（行動しない）の損失が大きいとわかっていても行動しない傾向があり、「現状維持バイアス」または「不作為バイアス」と呼ばれます。ただし、人生という長いスパンで見ると「チャンスに挑んで失敗した後悔」よりも「チャンスを掴まなかった後悔」の方が大きく感じられます。

う。逆に、「用途を定めない安全対策予算」の支出がデフォルトになっていれば、1億円の非常用発電機を新たに作るという提案を拒否して予算を余らせることはデフォルトからの逸脱になります。そのようなデフォルトから逸脱した意思決定をした結果、後で非常用発電機が無くて困るという事態になると非常に後悔することになるので、デフォルトに従った行動を後押しする力が働きやすくなるでしょう。

もちろん、このデフォルト化はメリットだけでなくデメリットもあります。想定される問題として、重要性の低い安全対策に費用を支出したり、年度末に高額な支出が発生するなどの可能性が考えられます。

残念ながら、これは科研費も同じです。研究費の不正使用は後を絶ちませんし、研究期間の終了間際に高額な機器を購入する事例なども少なくありません。世の中のたいていのものがそうであるように、新しいことをやろうとすると、そこにはトレードオフが発生するので、良い面と悪い面のどちらが上回るかは慎重に検討する必要があるしょう。

もっと具体的に言えば、「**現状のままで良いと思うかどうか**」という視点が大切です。このデフォルト化を導入すれば、現場から今よりも積極的に安全対策の提案が出てくるようになるでしょう。経営層が現場の従業員の積極性を十分だと評価しているのであれば制度を変える必要はありません。しかし、もっと積極性を高める必要があると感じているのであれば、デフォルト化は大きな変化を生み出す可能性があります（1章で紹介した臓器提供のように）。

このような考え方は現状の企業経営と大きく異なるので、実際に取り入れることは簡単ではないかもしれません。しかし、「**新たな安全対策を提案しないことがデフォルトになっている**」「**安全対策は会社の損失になるので、経営層から嫌な顔をされる**」という**現実の世界は、現場から新たな安全対策を提案しにくい環境になっていることは事実**だと思いますので、何らかの方法で改善することが望まれます。

特に原発の場合は、大事故（炉心損傷）が起きる確率は一千万年に1回というリスク評価になっています。つまり、次に大事故が起きるのは一千万年後という意味です。仮に新たな安全対策を講じたことで、炉心損傷の発生確率が二千万年に1回に低下すると説明されても、普通のヒューマンにその価値は理解できないでしょう（実際は確率論的リスク評価の専門家しか理解できないと思います）。

このように、確率計算上は原発の安全性は非常に高くなっているので、現場担当者も経営者も新たな安全対策に消極的になるのはある意味では自然なことだと考えられます。エコンであれば、一千万年に1回というリスクを正しく理解して、安全性向上に数億円支出する価値があるのか理解できると思いますが、普通のヒューマンには困難です（資料②：191ページ）。

だからといって、安全対策に消極的なままで構わないということにはなりません。不合理なヒューマンは、その不合理を逆に利用して、自分たちに望ましい行動をとらせることができるようになります（それがセルフナッジの考え方です）。「用途を定めない安全対策予算」の有無は合理的なエコンには何の効果もありませんが、ヒューマンには一定の効果が期待できます。

ただし、この制度を実行する場合は、制度が形骸化しないように経営層は注意する必要があります。新年度が始まる前に、予算の支出用途を内々で決めておいて、あたかも「予算を使い切りました」ということにしても何の意味もありません。真の意味で用途が決まっていない安全対策予算を計上して、新年度が始まって新たなリスクが明らかになったら、その予算を使うという制度です。予算を使う際には、提案ごとにコンペ（競走）をさせるというのも有効だと思います。

そして、予算が余ったら、その理由を堂々と説明すればよいのです。科研費と同じで、無駄な予算を使う必要はありません。重要なのは「現場の人々が必要だと考えた安全対策を提案しやすい雰囲気を作る」ということです。

「起きるかわからないリスクのために数億円の予算が必要」ということを経営層に主張するのはヒューマンには簡単ではありません（エコンなら苦労しないでしょうが）。そんなことをして経営層から嫌な顔をされたくないと考えるのが普通のヒューマンです。

しかし、経営層は従業員にエコンのような行動を求めていないでしょうか。経営層が「安全最優先」と宣言すれば、従業員が経済性よりも安全性を最優先するとは限りません。組織で働いている人々はエコンではなくヒューマンであることを理解して、ヒューマンが望ましい行動をとれるようにナッジしてあげるべきだと思います。

新たな安全対策に恐れのない組織

近年、経営学分野で注目されている概念に「**心理的安全性**（psychological safety）」[9]があります。心理的安全性とは、「組織のメンバーが、リスクを冒し、自分の考えを表明し、疑問を口にし、間違いを認めてもよく、そのいずれをもネガティブな結果を恐れずにできると信じている状態[10]」のことです。

端的に表現すれば、「メンバーの誰もが安心して意見を言える組織」は心理的安全性が高いのに対して、「自分の意見を言い出しにくい組織」は心理的安全性が低いと言えます。**心理的安全性の高い組織では、メンバーは自分の発言や行動に対する恐れがなくなり、仕事へのエンゲージメントやモチベーションが向上して、組織としてより良い意思決定ができるようになります。**

私が提案した「**安全対策費のデフォルト化**」は、**心理的安全性を高めることにも寄与する**と考えられます。このセルフナッジでは、デフォルトの予算範囲内であれば、組織メンバーが必要と考えた安全対策は基本的に迷わず実行します。それは、組織メンバーに**「あなたを信頼している」**というメッセージを伝えることになるはずです。そのようにして心理的安全性を高めることができれば、仮にデフォルト予算を超過するような安全対策だとしても、組織メンバーは恐れずに提案して実行に移すことができるようになるでしょう。

デフォルト予算の金額が1億円なのか10億円なのかは、それほど重要なことではありません。デフォルト化の真の目的は、**心理的安全性を高めて、新たな安全対策の提案や実行に対して「恐れのない組織（fearless organization）」を作ること**なのです。

（3）倫理規範への署名

ここまで述べてきた2つのセルフナッジ策は、経営層を巻き込んで全社的に取り組む必要があるため、簡単には採用できないかもしれません。最後に、現場で働く人向けの比較的簡単な方法を提案します（やろうと思えば、明日からでもできるでしょう）。

近年は、多くの企業で倫理やコンプライアンスに関する規程類が制定されています。おそらく、従業員の誰でも倫理規程や行動規範の存在は知っていると思います。しかし、その内容を覚えている人は少ないでしょう。

それは私も同じです。大学には研究等に関する倫理規程が存在していますが、その存在を認識しているだけで、内容を正確に覚えているわけではありません。

もちろん倫理規程を制定することには一定の意義があると考えられますが、それだけで不正などを防止できるとは限りません。米国の組織行動学者ジェニファー・キッシュゲファートらによる研究では、職場における非倫理的行動（不正や悪事）に関する過去の膨大な研究を調べた結果、**倫理規程の有無と非倫理的行動には相関がない**ことが確認されました[11]。同研究では、倫理規程を作っても非倫理的行動の抑制に繋がらない理由として、「**現代社会は倫理規程がどこにでもあるような存在になっているので、その効力を失ってしまった可能性がある**」と指摘されています。

私も原発の現場で働いていましたが、現場で働く多くの人は「倫理や安全の大切さ」は頭で理解できています。しかし、実際に現場で仕事をしていると、その場のちょっとしたバイアスや人間心理などの影響でルール違反をしそうになることが多々あります。つまり、**「こうあるべきだ（should）」という理想は理解できているのですが、実際には「楽に作業したい／不都合なことを隠したい（want）」などの様々な欲求に負けてしまって、不正やルール違反をしてしまう**のです。[12]

行動科学研究者のニーナ・マザールらは、倫理規範への署名の有無が不正に及ぼす影響を実験で検証しています。[13] この実験では、207人の大学生に複数の問題を解かせて、その正答数に応じて報酬が支払われました。

実験参加者は3つのグループに分けられました。グループAは、解答用紙を研究者がチェックして、実際の正答数に応じて報酬が支払われました（つまり不正はできません）。グループBは、実際の正答数を他の人に知られないようにするために、解答用紙を廃棄させてから実験参加者の自己申告に応じて報酬が支払われました。グループCは、グループBと同じように解答用紙を廃棄させたのですが、正答数を自己申告して報酬をもらう前に倫理規範に署名させました。グループBとグループCは、虚偽申告をしても誰にもわからないので、不正が可能です。実験の結果、グループBの実験参加者の申告数はグループAの平均的な正答数よりも有意に多くなりました。つまり、グループBの人たちは報酬を多く得るために虚偽申告をしたということです。一方、**申告前に倫理規範に署名したグループCの自己申告数は、グループAの平均的な正答数と有意差がありませんでした。**つまり、グループCの人たちは不正をしてもバレない状況だったにもかかわらず、不正をしなかったということです。

この実験結果から、**倫理観が求められる直前（不正する直前）に倫理規範に署名すれば、不正が可能な状況でも倫理的な行動をとりやすくなる**可能性が考えられます。*

この実験結果を応用して、例えば**作業手順書の最初のページに倫理規範を遵守する旨の署名欄を作って、現場で作業に取り掛かる前に作業者が署名するようにすれば、現場で不正の誘惑に駆られたときに倫理的行動をとりやすくなる**可能性

---

* ただし、署名と不正の関係については異なる研究結果〔14〕も報告されており、その効果は十分に明らかになっていません。実証研究の数が少ないため、今後の研究の進展が期待されます。

が考えられます。

それは現場作業に限らず、**経営上の重要な意思決定会議の前に参加者に安全最優先の行動規範に署名させれば、経済性よりも安全性を優先しようという雰囲気を作ることができる**でしょう。少なくとも、行動規範や倫理規範が書かれた額縁を部屋に飾るよりは効果があるはずです。

ただし、仮に倫理規範や行動規範に署名した人が現場で不正などをした場合に、虚偽の署名をしたことを責めるべきではないと思います。署名させる目的は、「倫理規範への意識を高めること」であり、従業員を拘束するためのものではありません。倫理規範を部屋に飾ったり定期的に読ませるよりも、作業前に署名させた方が倫理への意識は高まると考えられます。しかし、現場には非倫理的行動をとりたくなる誘惑がたくさんあるため、ヒューマンがそれらの誘惑に屈する可能性はあります。次章の話とも関係することですが、ここでも「無謬」(完璧であること)を求めてはならないでしょう。

作業手順書などに署名欄を設けるのは、**本人が望ましい行動をするための手助**

けです。誰でも本当はルール違反なんてしたくないのですが、認知バイアスや人間心理によって本人も望んでいないような不正をしてしまうことが多々あります。そのようなヒューマンに望ましい行動をとりやすくさせることがセルフナッジの目的です。倫理規範に署名させてヒューマンを無理に拘束しようとしても、雰囲気が悪くなるだけで望ましい成果は得られないでしょう。

資料2「分母の無視」の実験

下に示しているくじ箱AとBのうち、片方から玉を1つ引いて当たりだったら景品がもらえるとします。みなさんなら、どちらの箱から玉を引きますか？[8]

当たりの確率はAが10％、Bが8％ですので、合理的な人間（エコン）であれば、当然、Aを選ぶでしょう。ところが、ヒューマンの場合は「当たりの確率が高いA」ではなく、「当たりの数が多いB」を選ぶ人も少なくありません。このような現象は「**分母の無視**」と呼ばれ、人間はしばしば分母を考慮せずに確率やリスクを判断してしまうことがわかっています。[15][16]

筆者（松井）が大学生48人を対象として、当たりを引いたら実際に賞金がもらえるという条件で実験を行ったところ、15人

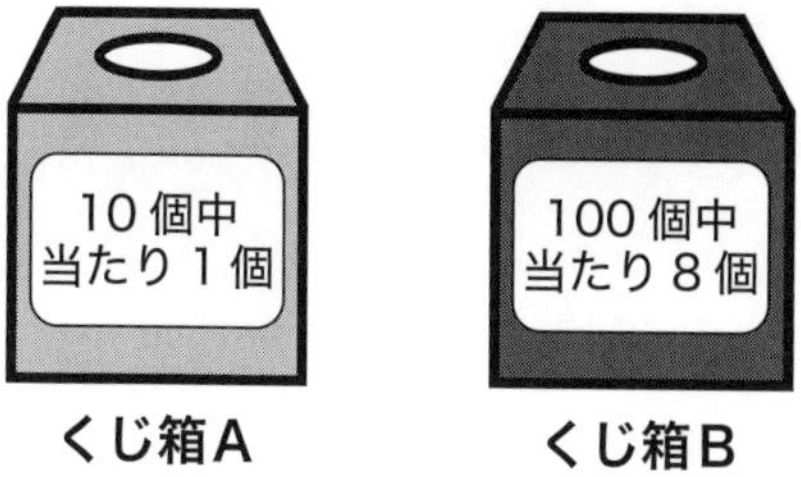

（31％）の学生がB（当たり8個）を選びました（図16）。**約3人に1人は、分母を無視して不合理な選択をした**ということになります。

このように比較的単純な問題であっても、「分母の無視」の現象は意外と強く現れます。原発のリスクコミュニケーションで使われる「百万年に1回」や「一千万年に1回」というイメージしにくい確率の場合は、さらに顕著になる可能性があります。

「〇万年に1回」のような説明が頻繁に使われる理由は、人間にとって理解しやすい

図16 くじ箱の選択結果

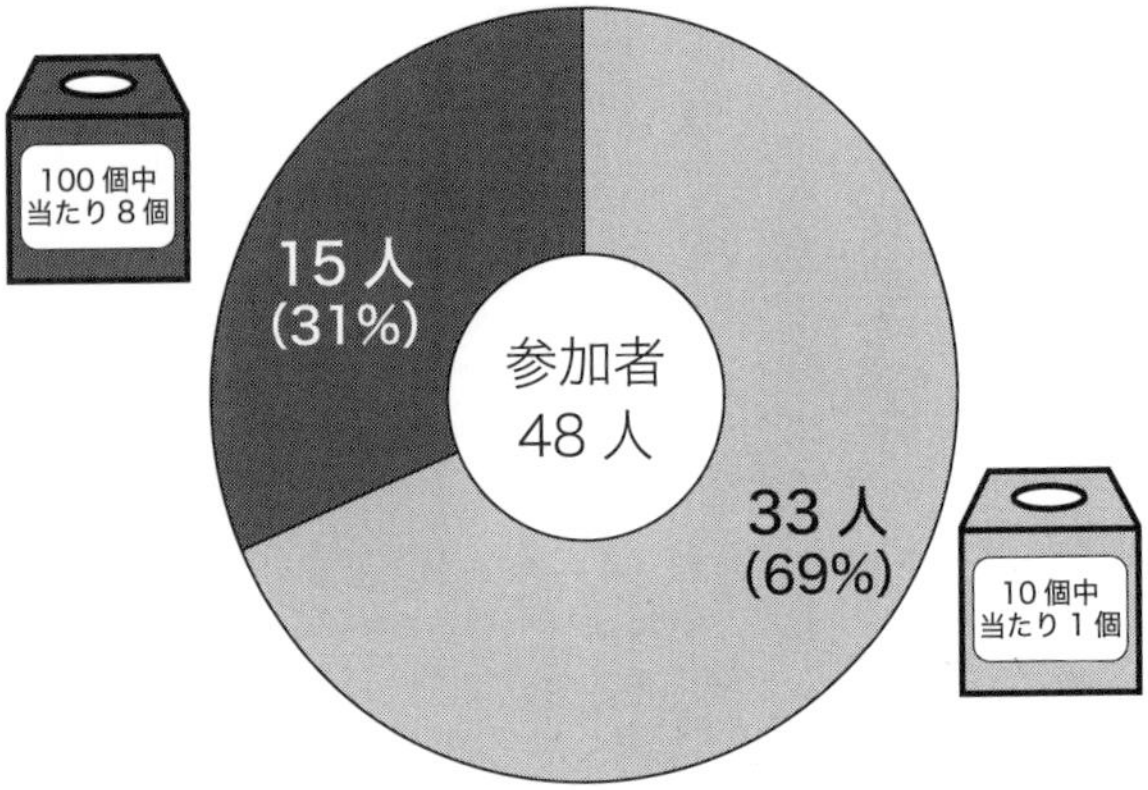

［注］ABの識別はせずに、箱の説明順序はランダム

という考えがあるのでしょう。しかし、分母の無視を考慮するとあまり賢明な説明方法とは言えないかもしれません。極端な例を挙げれば、「百年に1回」も「百万年に1回」も分母を無視すれば同じような危険性だと受け取られる可能性もあります。また、新たな安全対策を講じて事故リスクを「百万年に1回」から「一億年に1回」に下げたとしても、分母の無視によって、社会の人々が受ける印象はあまり変わらないかもしれません（技術的には相当な努力が必要なのですが）。

このような分母の無視の現象は、**一般市民だけでなく専門家にも見られる**ことが過去の研究で明らかになっています。[17] 実際、「百万年に1回」から「二百万年に1回」に事故リスクが下がったと言われても、その意味を正確に理解できる原子力関係者は少ないと思います（私もよくわかりません）。

リスクコミュニケーションの相手は「合理的なエコン」ではなく「分母を無視するヒューマン」である可能性も考慮した上で、事実をうまく伝えられるような工夫を考える必要があるでしょう。

6章　安全神話からの決別

過ちは人の常、許すは神の業。（アレキサンダー・ポープ）
創造力を得るには、確実性を手放す勇気が必要だ。（エーリッヒ・フロム）

3章では、行動科学分野の代表的な理論を解説しながら、1F事故前の原子力関係者が安全神話に陥った問題を分析しました。このような問題は原子力業界に限らず、科学技術を扱うあらゆる産業で起こる可能性があります。程度の差はあれ、どのような業界でも、人間は権威の言うことを信じ（権威への服従）、集団で議論すれば隠れたプロファイルが発生し（共有情報バイアス）、確実なことを不合理なほど追い求め（確実性効果）、自分たちがやっていることを正しいと思い込み（システム正当化）、実際以上に物事を知っていると錯覚する傾向（知識の錯覚）は誰にでもあるでしょう。これらは決して特別なことではなく、不合理なヒューマンとして考えれば普通のことです。

3章で取り上げた5つの問題のうち、**安全神話を生み出した根源的な要因は「確実性効果」、すなわち、「不合理なほど無謬（完璧）を求めたこと」**だと考えられます。日本の原子力業界では、原子力関係者（電力会社、メーカー、研究者、官僚など）と社会（地元自治体や環境団体など）の双方が**無謬を求めるあまり、失敗を過度に恐れて、小さな失敗すら許されない「無謬神話」の状態**になっていました。それは1F事故後の現在もほとんど変わっておらず、原子力関係者が小さな失敗をすると、その失敗が安全上重要ではなかったとしても規制当局や社会から痛烈に批判されます。

一般に、人間が失敗を批判するという行為は2通りの見方が可能と考えられます。[1] 1つ目は、批判を制裁とみなして、社会に役立つ行為と位置付ける「**功利主義的な視点**」です。この場合、批判は受け手にとって不快なものであるため、人は批判を自ずと避けるようになり、結果として失敗の抑制が期待されます。[2]

2つ目は、「**社会心理的な視点**」です。何か重大な失敗が起きると、失敗した人を過度に批判してしまう心理現象は「スケープゴート現象」と呼ばれます。スケープゴート（scapegoat：いけにえのヤギ）という言葉は古代の贖罪《しょくざい》の日に行われていたユダヤ人の儀式に由来するもので、人間の罪を背負わされたヤギを荒野に放つことで、人々は罪の意識から解放されて、気が楽になったのです（ヤギが可哀想な気もしますが）。それと同じように、大きな事故や災害が起きると、「これは人災だ」と主張して罪を一部の人々に背負わせようとすることで、大衆はフラストレーションを解消しようとします[3]。

一方、**批判には弊害がある**こともよく知られています。例えば、人々の時間と労力が失敗の批判に費やされて、**問題の分析や是正が不十分になりがち**です。また、過度な批判を恐れて当事者が情報を隠すようになり、**失敗から得られる教訓の学習が不十分になる**可能性もあります。

そして、褒められることもなく批判ばかりされ続けると普通の人間は**仕事へのモチベーションが下がってしまいます**。*インタビューでは以下の発言がありました。

＊ 私が原発で働いていたとき、ある上司が「これまでの仕事で、社会の人から感謝されたことは一度もない」と話していました。一方で、発電所の近くには「原発を止めろ！」というポスターが掲示されていたり、トラブルが起きたらマスコミに叩かれるなど、「社会から批判されること」は数え切れないほどあります。

「できるだけ不具合を起こさずに、ちゃんと安定的に運転したいという意識は十分あって、運転管理している人たちは一生懸命やってるんですけども、事故を起こすたびにバッシングをもちろん受けます。あるとき、運転員の1人から、『**私ら一生懸命やっているのに何か起こるとバッシングされる。もう何のためにやってるのかわからない。**』と言われたことがあります。こっちも社会のためにと思ってやってるんですけども、何か起こすたびにバッシングを受けて、しかも安定的に運転しているときはそれが当然のように思われて。やっぱり、運転管理をしている人からすると、**バッシングばっかり受けているとモチベーションが下がるのもあると思います。**」

批判によって失敗が減るかどうか検証した代表的な研究として、ハーバード大学の組織行動学者エイミー・エドモンドソンの研究があります。[4] エドモンドソンは、懲罰志向の組織文化が失敗（投薬ミス）に及ぼす影響を調べるために、大学病院の8つの看護チームを対象として調査を行いました。8つの看護チームは、技術や専門性、業務量などの点で大きな違いはなかったのですが、失敗後の対処方法（失敗したメンバーに対する批判の強弱）はそれぞれ異なっていました。

調査の結果、失敗したメンバーに対する批判が強いチームでは失敗の報告件数は少なかったものの、それはメンバーが批判を恐れて報告していないだけであることがわかりました。分析結果を踏まえてエドモンドソンは、**失敗を強く批判するチームよりも失敗を批判しないチームの方が失敗からの学習機会が多くなり、パフォーマンスは高くなる（実際の失敗発生件数は減る）**と指摘しています。

また、失敗した個人を批判しない制度として、米国航空業界の取り組みもよく知られています。米国では、1975年に開始された**航空安全報告システム**（Aviation Safety Reporting System：ASRS）によって航空業界の安全性が大きく向上しました。

ASRSの大きな特徴は、**パイロットがエラー（ニアミス）を10日以内に報告すれば処罰しないという「免責」の仕組み**にあります。ただし、無条件に免責するのではなく、「故意や犯罪によるものではないこと」「法律で規定された資格や能力違反によるものではないこと」などの条件を満たした場合に限られます。このような免責制度が必要とされる理由は、**失敗した当事者を過度に批判するような環境では、誰も失敗を自主的に報告しなくなり、結果として組織や業界が失敗から学習する機会を失うことに繋がる**ためです[5]。

つまり、ＡＳＲＳでは「ヒューマンの失敗を批判すれば、彼ら・彼女らは失敗を隠そうとする」ということを当然のように捉えて、一定の条件を満たせば失敗を許すことが必要と考えているのです。

一般に電力会社などの技術系の企業では、失敗した個人を批判するのではなく組織的要因を是正しようとします。しかし、**そのような組織的要因を放置して事故や不祥事を起こした企業は社会から痛烈に批判されることが多いので、当事者は批判を恐れて失敗や不都合な事実を隠そうとする**可能性があります。失敗した自分が直接批判されないとしても、自分の失敗によって所属組織が社会からバッシングを受けるのを嫌だと思うのは、ヒューマンなら普通のことでしょう（エコンなら気にしないかもしれませんが)。

原発の場合は事故が起きた際の被害が甚大であるため、社会が無謬を求めて失敗を許さないという人間心理も理解できます。しかし、**無謬を求めることで、原発の安全性が高まるとは限らない**でしょう。3章で述べたように、日本の原子力関係者が安全神話に陥り、新たな安全対策に消極的になったり、地元住民に事故は起こらないと説明していた問題の背景には、無謬を求める人間心理が根源的な要因として存在したと考えられます。

1F事故前の問題に関して、インタビューでは以下の発言がありました。

「社会がゼロリスクしか容認しないのか、許容しないと思い込んでいたのかわからないけれど、リスクに対してしっかり説明してこなかった電力会社と規制当局は悪いと思います。社会として許容できるリスクがどういうレベルなのかという議論すらなかった。立地審査指針の基準*がありますけど、あれって結局、事故があったとき、どのレベルまでの被ばくがあり得るかって基準ですよね。でも、誰もそういう説明をしないわけです。**リス**

* 「原子炉立地審査指針及びその適用に関する判断のめやす」(原子力委員会が1964年に決定)は、重大事故発生時における周辺住民の被ばく線量などから、原発の立地条件の適否を判断するための基準です。

クがあってはいけないし、人が死ぬなんてことにしちゃいけないって、みんなが思い込んでいる。もし、そういう説明をしたら『地元の人間が死んでもいいのか』というふうに、また批判する人も出てくるわけだし。そういう科学的な評価についての議論すらまったく許されないような社会だったということが、私は問題だと思っています。」

「事故前は、安全解析してリスクを数値で出してコストを計算するということが議論しにくい雰囲気だったと思います。これも後知恵かもしれませんけれども、何人かの人は、津波のリスクというのはそこそこあるよねという話をしていたと聞いています。その対策を実際に講じるところまでいかなかったのはなぜかというと、そこで対策を取り始めた瞬間に、『何をやってんだ』といって地元が騒ぐとか、都合が悪いことが起きる。それがなぜ都合が悪くなってしまうかというと、きちんとした議論で理解できていない人が圧倒的に多くて、『事故なんか起こらない』って言ってたわけじゃないですか。すると、地元から『何で今さらまた追加で対策するんですか』みたいなことを言われかねないわけです。**そういうことを言われても堂々と胸を張って『いや、ここが足りなかったと思うので、これから対策を取ります』なんて言えないんですよ。」**

「安全に関して言えば、例えば『原発で事故は起こりますか？』と聞かれて、『絶対』って言ったかどうか覚えてませんけれど、その頃は『事故は起こりません』って言っときながら、また新しい非常用のポンプを付けますとか非常用の電源も整備しますと言ったら、『何で付けるんですか』『いや、安全が不安だから』っていうようなことを言わないといけない。そうすると、**これまで安全だと言ってた建前が崩れちゃう。**もうそうすると、**ちょっとこういうふうにした方がいいんだけど我慢しようとか、今までどおりの慣習とか事例にならってその延長線でいこうという安易で容易な考え方に陥ってしまう。**そういう悪い癖みたいなものがあったんじゃないかなと思いますね。」

　このように**無謬（ゼロリスクや誤りのないこと）を求める問題は、1F事故後も解消されていないどころか悪化しているように**さえ見えます。特に1F事故後は、現状の原発の安全対策に不備があることがわかると、原発反対派からすぐに訴訟を起こされる可能性が高いので、原子力関係者は現状を否定するような情報を出しにくい状況になっています。
　インタビューでは以下の発言がありました。

「原発反対派の人たちのロジックもわからないでもないんですけれども、もうちょっとお互い寄り合いましょうよっていうのは、個人的には思いますね。批判的な目で見てくれることは全然ウエルカムですけども、やり過ぎるとどうしてもこっちも引いちゃうところもあるし、それの対応に追われちゃうというところもあるし。**こういう状況だと、なかなか現状の安全性を否定するようなことはできないんで、裁判で負けるようなエビデンス（現状の安全対策の不十分な点）というのも当然出しにくくなります。**こちらから現状の問題を説明しようとすると攻撃対象になってしまうというか、何かしらあった場合はすぐに裁判沙汰になります。そういうところがあるので、**外に対して対外的に話ができないですね。**原子力関係者の人たちも社会の人たちも、もうちょっと歩み寄って、ちょっとしたミスでもちょっとしたことでも気軽に話せる関係を作らないといけないと思いますね。」

現状は、社会だけでなく原子力関係者自身も無謬を求めていますが、それはエコンでなければ達成することはできないでしょう。ヒューマンは失敗もするし、新たな設備を導入して小さなトラブルが起きて批判されることも恐れます。結果として、不都合なことを隠したり、新たな技術の導入に消極的になるので、原発の安全性は十分に高まっていきません（**表3上**）。

この問題を解消するためには、**原子力関係者がエコンでは**

表3　失敗に対する態度

	原子力関係者に対する態度	結果
現状	小さな失敗すら許さない（無謬を求める）	✓新しい技術を使いにくい ✓不都合なことが言いにくい ✓過去の過ちを認めにくい ✓安全性が高まらない
新しい形	小さな失敗は許す（無謬を求めない）	✓新しい技術を使いやすい ✓不都合なことが言いやすい ✓過去の過ちを認めやすい ✓安全性が高まっていく

なくヒューマンであることを認めて、彼ら・彼女らに無謬を求めずに、悪意のない小さな失敗であればそれを許容する社会を作ることが必要だと私は考えています。小さな失敗が許されるようになれば、安全性を高めるための新しい技術の導入に今よりも積極的になり、原発の安全性はさらに高まっていくでしょう（**表3下**）。

もちろん、他人の失敗や過ちを許すのは簡単なことではありませんし、モラルハザードの問題も懸念されるため、どのような失敗であれば許容すべきかということは慎重に考えるべきです。しかし、**社会と原子力関係者の双方が無謬（理想）を追い求めた結果、皮肉なことに日本の原発の安全対策が遅れてしまったという事実**は深く受け止める必要があります。

もし、「原子力関係者の小さな失敗も見逃さずに批判して反省させることが正義」と考える人がいるとしたら、それは行動科学的には正しくないでしょう。前述のエドモンドソンの研究でも示されているように、失敗を批判すれば、人や組織は不都合なことを隠すようになり、結果として安全性の向上を阻害する恐れがあります。

原子力業界の本質的な問題

ここまでの分析を踏まえると、日本の原子力業界には1F事故前から現在まで続いている問題が大きく3点あると考えられます。それは、「**新たな安全対策に消極的であること**」「**安全上重要ではない問題（どうでもいい問題）に時間や労力を費やすこと**」「**社会に対して事故は起こらないと説明すること**」の3つです。

これらの問題は1F事故後に少しは緩和されたかもしれませんが、いまだに原子力業界を支配する不合理であると同時に、1F事故の直接的または間接的な要因であると考えられます。これまで事故調査委員会や批評家、ジャーナリストなどによって指摘されてきたように「十分な安全対策を講じなかったこと」や「絶対安全と説明してきたこと」は1F事故前の原子力業界の大きな問題だと言えるでしょう。しかし、それらは表面的な問題にすぎず、本質的な問題ではないと私は考えています。

私が考える原子力業界の本質的な問題（つまり、失敗の本質）は**「社会と原子力関係者がヒューマンには到達できない無謬を求めたこと」**です（図17）。両者が無謬を求めるあまり、新しい安全設備を導入して初期トラブルなどが起きることが許されないという雰囲気になり、結果として日本の原発の重大事故対策はほとんど強化されることなく、欧米諸国から大きく遅れてしまいました（付録B参照）。また、無謬を求める両者にとっ

図 17　原子力業界の表面的な問題と本質的な問題

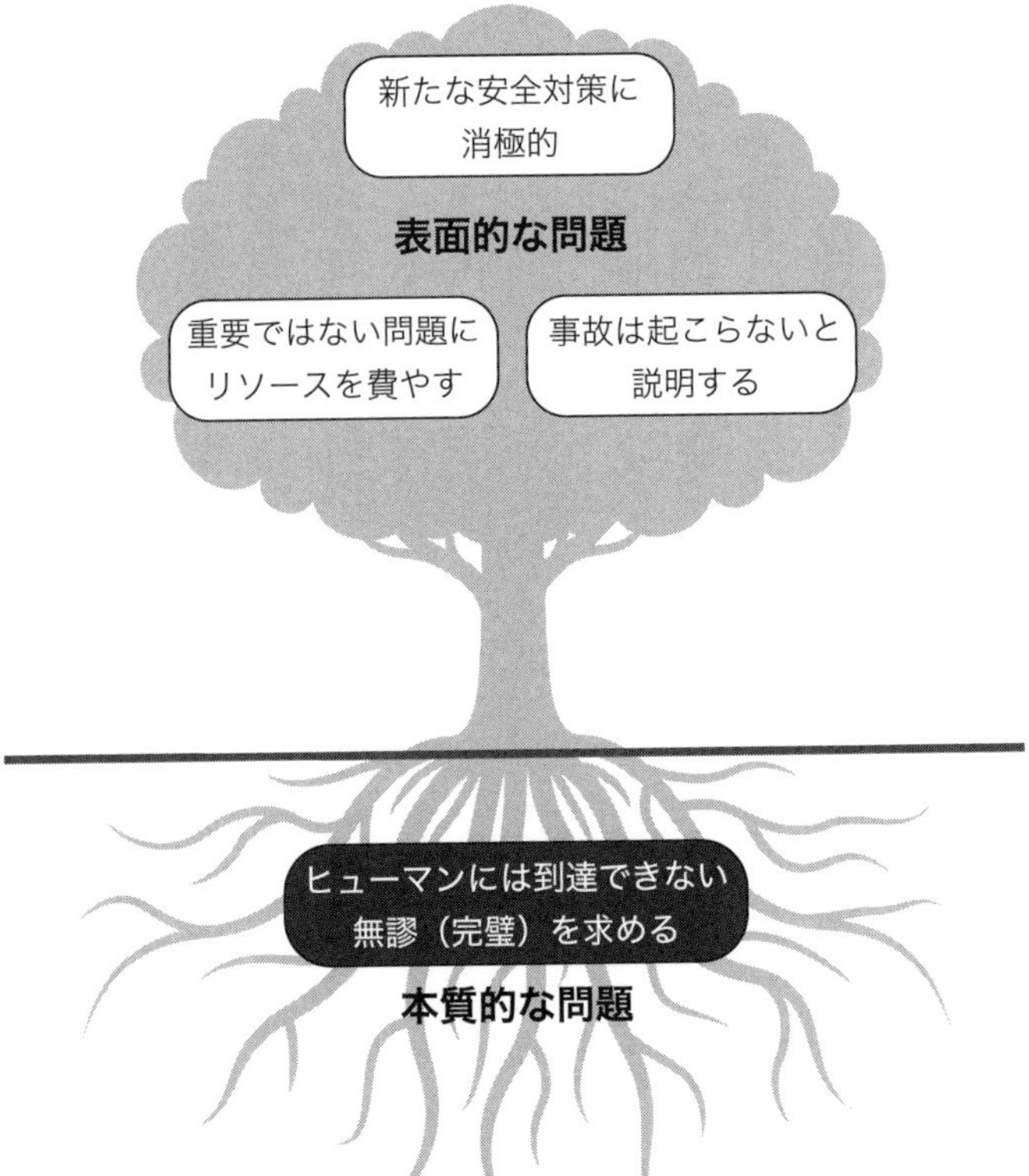

て都合の良い「原発で事故は起こらない」という説明がされてきたので、1F事故後に被災者は騙されたと感じて、裁判やデモなどの争いが長年続いています。そして、1F事故が起きた後も、規制当局は電力会社に無謬を求めており、安全上重要ではない問題（例：電力会社内のメールのやり取り）まで細かく監視しています。そのような軽度の問題は発生頻度が高いため、規制当局と電力会社は軽度の問題を無謬にすることにリソースを奪われて余力がなくなっています。

インタビューでは以下の発言がありました。

「本当に『これ安全上の何の意味があるかわかんないよね』っていうようなものまで規制で対策に含まれていて、『やってもいいけど何の意味があるんですか？』って質問すると、規制側ももう答えられなくて、『でももう条文決まっちゃってるから、これはこれどおりにやってくださいよ』みたいな話になっちゃって、もう彼ら（規制側）も法律になってしまった以上は、行政が法律を変えるわけにもいかないので、結局法律どおりやってよと。たぶん彼らも『あんまり安全性に寄与しないな』っていう条文であったとしても、そのままやってしまう。**電力会社がどうかっていう前に、規制側の彼らも思考停止している部分があるんじゃないかなと思うんですよね。**保身ですかね。訴訟されたくないみたいなリスクもあるでしょうから。規制の条文を書いたのは、現場とか実態をわからずに条文書いた人たちであって、その条文受けて審査や検査をする人たちは、もう保身の部分もあるんじゃないですかね。」

「新規制基準で安全性が100点になったとして、110点や120点を目指すのは事業者（電力会社）が自主的にやる話なんですよね、何をリスクと捉えてどうやろうかっていうのは。ただ、そこはまだ熟していないかなっていう気がしますね。成熟した感じじゃないような気がします。でもこれは規制側もちょっと問題があって、**やることが多すぎて事業者は余力なくて疲弊している部分もあるので、規制要求以上のことをやるような体力が事業者にはないですね。**」

「事業者と規制の人たちで向いてるベクトルは同じだと思うんですよね。

原子力業界をより良くしたいって思ってる人たちは、規制の人たちもいっぱいいます。でも、**ちょっとだけ向いてる方向がずれちゃってるように思います。**それをもう少し一緒になって考えていける風土っていうのがあったら、安全を考える人たちと推進する人たちっていうのが一緒になって考えていけるのかなと。でも、**それが馴れ合いとか言われちゃうと、ちょっと困っちゃうんですけど。もうちょっとコミュニケーションよくできる方法ないのかなというのは、常日ごろから思っています。**私が付き合いある規制側の人たちは専門色強い人たちばっかりなんで、そういう専門的なところでもっと良くしていきたいと思っている人たちがいるのは事実ですね。ただ、規制庁の組織として全体が動けるかっていうと、なかなかそういうところまでは至っていない。そういう状況だと思います。」

1F事故の反省として、日本の原子力業界は「世界最高水準の安全性を目指す」という目標を掲げています。しかし、それは「新たな安全対策に消極的であった」という表面的な問題への対応でしかありません。* 理想的な目標に向かって突き進

---

* 問題を深く分析せずに「今後は失敗しないように努めます」と言ったところで、失敗の防止は難しいでしょう。これは、いわゆるトートロジー（同義反復）に近いと言えます。

む前に、**そもそもなぜ1F事故前の原子力関係者は十分に安全性を高めることができなかったのか、**それを理解するところから始める必要があります。本書で述べてきたように**「無謬を求める」という本質的な問題を是正しない限り、今後も原子力業界は様々な困難に直面する**ことになるでしょう。

「社会が原子力関係者に無謬を求めること」および「原子力関係者が無謬を目指そうとすること」（すなわち、無謬神話）は、原発の安全性の向上を阻害することに繋がって、結果として社会の人々を危険にさらすことになり、原子力関係者も自分たちを苦しい状況に追いやっている可能性が高いと考えられます。* つまり、原発反対派は原発の安全性を高めさせたいと思って原子力関係者（電力会社や規制当局）の粗を探して訴訟を起こすのですが、訴訟で負けることを恐れる原子力関係者は現状を否定するような新しい安全対策に消極的になっています。一方で、原子力関係者自身は安全性を高めようとして無謬を目指しているのですが、現状の安全規制や社内規定に100%適合させることを重視するあまり、安全性向上に役立たないことにリソースを奪われています。

---

* 「ノーリスクがすべての中で一番危険（No risk is the highest risk of all）」[6]と言われることがあります。「一番危険」かどうかはさておき、1F事故前は不合理にノーリスク（無謬）を追い求めた結果、極めて危険な状態になってしまったことは事実でしょう。

これは、直接的な表現を使えば「**双方が自分たちの首を絞めているような状態**」であり、エコンからは「**極めて不合理な世界**」に見えるでしょう。現状のやり方を続けてよいのかどうかは、原子力関係者のみならず社会全体で考えていく必要があると思います。

この章では1F事故の本質的な問題を分析して、小さな失敗を許す社会の必要性を論じてきました。もちろん、そのような社会を実現するのはヒューマンにとって決して簡単なことではありません。インド独立の父であるガンジーが「弱い者は相手を許すことができない」という言葉を残しているように、失敗や過ちを許すことよりも許さない方がはるかに容易いでしょう。

しかし、**失敗や過ちを許すことが難しいからといって、それを諦めてしまったら、私たち日本人は1F事故の大切な教訓を学べなかったということになるのではないでしょうか。**失敗を許し合う社会は一足飛びに実現できるものではありませんが、まずは「**無謬を求めて小さな失敗や過ちを批判しても、望ましい結果は得られない**」という事実を理解することが最初の一歩になるはずです。

コラム⑥ エクストリームケース

集団が意思決定を失敗するメカニズムの1つとして「**集団思考**（groupthink）*」と呼ばれる現象が知られています[8]。集団思考の事例でよく取り上げられるのが、1961年に米国のケネディ政権が失敗したピッグス湾上陸作戦です。ケネディ政権の中核メンバーは、キューバの地図を見ていれば簡単に気づけるような作戦上の致命的な欠陥に誰も気づかないまま、上陸作戦を決行して大失敗に終わってしまいました。ホワイトハウスには当時の米国で選りすぐりの優秀なメンバーが集められて、彼らが必死に分析して考えた作戦だったはずなのに、結果として極めて愚かな失敗になってしまったわけです。

これはホワイトハウスという特殊な環境だから起きたことのように思えるかもしれませんが、ビジネスの現場などでも優秀な人たちが集まって必死に考えた事業計画が後で振り返ると非常に不合理な意思決定だったというケー

---

* groupthinkの日本語訳は「集団思考」「集団浅慮」「集団愚考」など様々な表現がありますが、単なる「浅はかな思考」や「愚かな思考」よりも複雑な現象を意味する言葉ですので、私は「集団思考」または「グループシンク」という表現が適切だと考えています。[7]

スも少なくありません。そこには、程度の差はあれケネディ政権の中核メンバーが犯した失敗と似ている部分があったりします。そのような集団が失敗するメカニズムを理解したりモデルとして理論化するには、ホワイトハウスの軍事的意思決定のような**極端な事例**（**エクストリームケース**）の方が適している場合があります。その理由は、**「平凡な失敗」に比べて「極端な失敗」の方が要因も極端になりやすいので、その要因を特定しやすい**ためです[9]。

経営分野でエクストリームケースを用いた研究として有名なのが、『失敗の本質：日本軍の組織論的研究』（中央公論新社）[10]という本です。この本では、6人の社会科学者が大東亜戦争における旧日本軍の作戦の失敗を組織的な問題として分析し、現代の組織への教訓を導き出しています。軍事作戦の失敗から教訓を学ぶという点では集団思考の研究とも共通しています。そのような極端な事例を分析することによって、現代の組織が失敗しないための貴重な教訓を学ぶことができるのです。

極端な事例から学べるのは失敗の教訓だけではありません。例えば、マーケティングの分野では、エクストリームユーザー（極端な消費者）を分析して、人間の本質的な欲求を探るというリサーチ手法があります。みなさんのまわりにも極端な消費者（例：遺伝子組換え食品を絶対に食べない人）がいるかもしれませんが、実はそのような極端な人々は人間の持つ本質的なニーズが顕著になっているだけで、多くの人が同じようなニーズを持っている場合が多いのです。このように、極端な事例や極端な人々は、本質的なことを学ぶのに適した教材になります。

本書で取り上げてきた原子力業界に見られる不合理な行動や判断も、人間や集団が過ちを犯すエクストリームケースとして理解することで、自分や自組織が賢明な意思決定をするために役立つ場面が身近に潜んでいるかもしれません。

7章　行動科学の視点で考える安全の新しい形（松井）

決して変わらない人は、よほど賢い人か、よほど愚かな人のいずれかである。
（孔子）

本書では、筆者（松井）の経験から始まり、様々な原子力関係者が「日本の原発で大事故は起こらない」と信じていた問題を行動科学の視点から分析しました。既に多くの部外者の人々（批評家など）が批判しているように、安全神話に陥った日本の原子力関係者には大きな責任があるでしょう。しかし、**彼ら・彼女らが「特別に愚かだった」という主旨の批判には必ずしも賛同できない**ように思います。日本の原子力関係者は、日本の原発でチェルノブイリのような大事故が起きることはまったく考えておらず、そのような事態になった場合の備えも不十分でした。また、大津波のリスクを事前に知っておきながら、対策を講じなかったことも事実です。多くの原子力関係者は「日本の原発は完成されたシステム」だと思い込んでいて、社会の人々に「原発で事故は起こらない」と説明していました。

これらは一見すると「不合理」なことにも思えますが、インタビューの発言などから当時の原子力関係者が置かれていた状況を理解すれば、「普通の人間らしい行動」という側面もあったと考えられます。つまり、原子力関係者が特別に愚かだったのではなく、彼ら・彼女らは「**普通のヒューマン**」だったのです。従って、原子力関係者に辛辣な意見を述べている評論家や反原発団体の人たちを含めて、誰でも同じ状況では似たような行動をとる可能性は十分にあるでしょう（合理的なエコンでない限り）。


本書では、インタビューに応じてくださった様々な原子力関係者のリアルな考えをそのままお伝えすることで、普通のヒューマンが安全神話を信じたメカニズム（部分的な真実）を読者のみなさんにお伝えすることができたと思います。

ただし、「原子力関係者に責任がない」や「原子力関係者を許してほしい」ということを主張しているわけではありません。1F事故は想定を超える津波に見舞われたために起きた事故ですが、事前に欧米諸国のような安全対策を講じていれば、被害の規模を軽減することは可能だったはずです。巨大津波を予見することが難しかったとはいえ、大事故を防げなかった原子力関係者の責任は重いでしょう。

しかし、**原子力関係者が「特別に愚かだった」わけでもなければ「特別に安全を軽視していた」わけでもありません。彼ら・彼女らは普通のヒューマンとして、様々な事故を想定した上で必要と考えられることを一生懸命に取り組んでいたわけです。**

インタビューでは以下の発言がありました。

「**想定してる範囲しか対応しないっていうのは、これ普通の考え方だと僕は思いますけどね。**そうじゃない？　仕事っていうのは、自分で考えて、こういうことが起こったらこういうことができる、目標がこれだからこういうことをしようというふうに組み立てて自分のやるべき行動を組み立てるわけです。だから1F事故までは『想定を超える恐れがある』ということについては思ってもみなかったわけです。**普通の生き方、普通の生活の中で、そういう『想定外のことを想定してます』というようなことは、ちょっと論理的に破綻してるような気もしますね。**」

「1F事故以前に対策をして、事故を避けるチャンスはあったというふうには思っています。ただ、**避けるチャンスはあったけれども、それを活かせなかったのは、東電が悪いのかどうかというと、その辺がちょっとよくわからない。**というのは、1Fの津波の対策をもう少し早くやっておけばよかったという反省を聞いたときに、判断できるチャンスはあったけれども、それでもって責任を取れるかというのはちょっと微妙かなというふうに思っています。だから、なかなか答えは難しい。これは、忖度《そんたく》して言ってるわけじゃなくて、私自身が考えてもどっちの判断したかなというふうに思うわけですね。津波とか地震とか、起こり得るとしてもすぐに起こるかもしれないし、あと何十年後かもしれない。そういうふうに思ったときに、どう対応するか、自分だったらなかなか判断が難しいなというふうに思います。そういうことからして**対応できるチャンスはあったけれども、だからといってあの時点で前もって経営者として判断しなかったのがいけないのかどうかというのは、ちょっと微妙かなというふうに思います。私自身でも迷ったと思うんですね。**」

「1F事故を起こした東京電力の人間として思うことは、『**事実を多面的に見続ける**』ということです。僕は事故の風化よりも固定化の方が恐いと思っています。**事故が起きてから時間が経つと雑多だけど重要な事実がどんどん落ちていって、シンプルなストーリーに固まってくるんです。**僕はそれが恐いと思っていて、細かい事実は必ずしもシンプルなストーリーどおりではない場合もあるわけです。**別にああいう事故を起こしたくて起こしたわけではないし、能力が足りない連中ばかりがいたわけでは全然なくて、普通の人間が普通に頑張ってああなったわけですよね。**そういう論は一切、世の中に出てこないですよね。ですけど、実際に間近で見ていると、

本当に普通の人間が普通にやった結果、1F事故になったということかなと思っています。だけど、そんなことを東電として言えないので、**『どこかに能力の足りない奴がいた、もしくは間抜けな奴がいた、そういう奴らがこういうことを起こしたんです、だから、そういう奴らを無くすように対策します』みたいなストーリーに常に走るんですよね。」**

本書で読者のみなさんにお伝えしたいことは「原子力関係者の不合理さ」ではなく、**「多くの原子力関係者は一生懸命に仕事をしていたにもかかわらず、認知バイアスや社会との複雑な関係によって、結果として『極めて不合理な状況』になってしまった」というリアルなストーリー**です。東京電力の津波対策の問題に限ったことではありませんが、一般論として、世界は極めて複雑かつ不確実であり、判断に迷うような難しい状況は数多くあります[1]。近い将来に起きるかどうかわからないリスクを知って、安全最優先の原則に従って数百億円の安全対策*を意思決定できたヒューマンは、決して多くないでしょう。

＊ 東京電力の幹部は2008年、巨大津波の検討をしていた社員から津波を防ぐための防潮堤を建設すると数百億円の費用がかかるという説明を受けて、建設を見送りました（付録A参照）。防潮堤を作らなくても非常用発電機を高台に設置するなどすれば事故を防げたかもしれませんが、そのような柔軟な発想ができた人はかなり限られるでしょう（後知恵的な批判は誰にでも簡単なのですが）。

原子力の世界を見ていると、**社会の人々だけでなく原子力関係者自身も「普通の人間は不合理なヒューマンである」という事実を忘れてしまうことが少なくない**ように思います。例えば、1F事故の反省から「どんなに小さなリスクも見逃さない」「何よりも安全最優先で対策を講じる」という目標（理想論）が掲げられています。しかし、それらを実行するのは普通のヒューマンには決して簡単なことではないでしょう。5章でも述べたように、エコンであれば「大事故が起きる確率は一千万年に1回」というリスク評価結果の意味を正確に理解できると思いますが、普通のヒューマンにその意味を正しく理解することは困難です。原子力の専門知識を持っていない経営者であれば、なおさらでしょう。

ところが、ヒューマンの限界を忘れてエコンでなければ達成できないような理想を多くの人が目指しているように感じられます。そのような理想の状態（無謬神話）を目指す姿は、1F事故前とあまり変わっていないのではないでしょうか。1F事故から学ぶべき大切な教訓は「**ヒューマンが不合理であることを忘れて理想を求めても、いずれ破綻する**」ということだと私は考えています。

本書で強調したいことは、**当時の原子力関係者が安全神話に陥ったのは、決して特別な出来事ではない**ということです。1F事故後に電力会社やメーカーに就職して原子力関係の仕事に携わる人は、事故当時に原子力業界で働いていた人と比べて、事故に対する印象はどうしても弱くなるでしょう。そのため、しばらく日本の原発で大事故が起きなければ、以前と同じように「日本の原発で事故は起こらない」と考えるようになる可能性は十分にあります。

この問題に関して、何人かの原子力関係者はインタビューで以下のように発言していました。

「1F事故前でも、チェルノブイリ事故など世界を見れば過去に大きなトラブルがありましたけれど、『最近ないから、たぶん大丈夫なんだろうな』という感じで、あんまり気にしていなかったと思います。たぶんこれって地震とか津波とか全部一緒で、経験した人とか経験した直後は強烈にインパクトがあって覚えているんですけど、**しばらくすると忘れちゃうんで、『事故は昔あったけど最近起きてないから、たぶん大丈夫だろう』**という

思い込みが当時はあったと思います。」

「実際にチェルノブイリ事故を経験したヨーロッパ人と日本人で重大事故対策の本気度は違ったんだろうなと、後知恵ですけど思いました。また、アメリカ人は9・11テロ後にB・5・b*の対応をかなり本腰でやっていたと1F事故後に聞きました。**人間って愚かだから、やはり痛い目に遭わないと本気にはならないんだろうなっていうのは率直に思いましたね。**だから、日本人と比べてアメリカ人とヨーロッパ人が安全対策を一生懸命やっていたって言いますけど、もしもチェルノブイリや9・11が起きていなければ、ほんとにあそこまでやってたかどうかっていうのは、僕にはよくわからないです。例えば、**1F事故の対策をフランス人やアメリカ人や中国人やロシア人がどれくらい本気でやってるかというと、やっぱり日本人の本気度に比べたら、僕は足りないと思いますね。**実際、アメリカ人やヨーロッパ人と話した時に『日本人は、そこまでやるのか。なぜそこまでやるんだ』と呆れられることは結構ありましたから。やっぱりそこは人間の弱

---

* 2001年に米国で発生した9.11同時多発テロを受けて、米国の規制当局（NRC）が発出した原発のテロ対策。

さなのかなと正直思います。人間ってそんなもんなのかなっていう虚無感はありますよね。経験したことに関しては対応できるんだけど、歴史からほんとに人類は学ぶのだろうかと時々思いますね。だから、**僕も1F事故前の日本のAM**＊**（重大事故対策）が力不足だったのは事実だと思います。でも、それについて何が悪かったんでしょうねって言われても、誰かを指弾、糾弾することは難しいなと正直思います。**」

「海外で大きな産業事故が起きると、国の調査委員会がすごくわかりやすいビデオを作ったりするんですね。報告書も作るけど、わかりやすいビデオも作るんです。確かにああいうCGで解説してくれるとわかりやすいんですよね。そういう感覚って日本にないんですよね。**後世に伝えるといって、モニュメントとか、誓いの碑とか、そういう精神的なことはやるんですけど、**例えば新入社員向けに『このビデオ見ておいてね、1F事故がすごくわかりやすいから』っていうのは作ってないですよね、きっと。**この辺の感覚はやっぱり日本人って精神論だけなのかなっていう感じがします。**

＊「想定を超える事象」による重大事故を防止・緩和するための措置はアクシデントマネジメント（Accident Management：AM）と呼ばれます（付録B参照）。

そんなことよりもモニュメントの前で黙とうしようなんて、それの準備と社長の時間取ってくるとか考えるとすごい労力じゃないですか。そういうことは一生懸命やるんですけど、ほんとにどんな事故だったのかを検証するようなわかりやすいビデオを作ったりということはしないんですよね。」

「原子力発電所の事故を起こして、こういった多大な迷惑をかけたということに対しての原子力事業者とか、その従事者とか、関係する人の反省は足りないでしょうね。原子力学会も、ああいった報告書とか作ったり、反省という言葉とかあるんでしょうけど。やっぱりどこまでこの事故を、原子力というものが危険なものだっていうことについて、やはりその視点を私は変えるべきだと思ってるんですが、あんまり視点は変わってないような気がします。**原子力を推進する側の人で、声高に『やはり原子力は必要なんだ』と言う人がいて、そんな人の話を聞いてると、ちょっと私からすると、何か無責任に今までどおり言ってるような気がするケースも多々あります。**要するに建前だけで『変わりました』という報告書で終わりみたいな感じだと、たぶんこの福島の反省というか、反映という意味では不十分だと思います。**私の感じる面で言うと、『文章を作った』で大体終わっちゃったというふうにしてるところが多いんじゃないかなと思いますね。**私の周りは原子力村の人が多いですから、特にそう思うんでしょうけど。」

「1F事故によって原発が大きなリスクを抱えていることがはっきりしたわけです。東電がどうのこうのとか、そういう話ではなくてですね、もう一度さらに原点にかえって、**この日本にとって当面必要な原子力エネルギーをどういうふうにマネジメントしていくのかを、しっかりとした国民的な議論にしてもらいたいっていうのが私の本音です。**東電に任せればいいとか、あそこの電力会社に任せればいいとか、そんな単純な話ではないと考えています。それほど大きなリスクを抱えたエネルギーなのでしっかりと国を挙げて、もう一度マネジメントのやり方を考え直したほうがいいと思いますし、**そうしない限りは原子力村といわれる人たちの意識は変わらないんじゃないかという気がしています。**」

「最近は、社内の雰囲気が1F事故前の感覚にちょっと戻ってきてるかなっていう気はしますよね。もう10年も経ってるし。1F事故後に入社してくる人たちは、そもそもそういう1F事故を直接経験しているわけじゃないんで、本当は1F事故のことを知らないといけないけれど、それを経験してないから、なかなかわからないんじゃないかなという気はしています。**そういうのは、僕らも同じだと思いますけどね。チェルノブイリとか、ああいう事故が昔にあったという話は聞いていましたけど、そんなに強い気持ちを持っているわけじゃなかったので。」**

「大事故は起こらない」という考え方が広まるのは、原子力業界に限ったことではないでしょう。原子力ほどのリスクではないとしても、世の中で使われている多くの科学技術にはリスクが伴います。

例えば、飛行機や鉄道で大事故が起きれば、大勢の人が犠牲になってしまいます。そのような業界で、しばらく事故が起きていなければ「日本の技術は世界最高水準なので、大事故は起こらない」というどこかで聞いたような考え方が広がる可能性もあります（もしかしたら、既にそのような安全神話に陥っている業界もあるかもしれません）。

本書で見てきたとおり、不合理なヒューマンであれば誰でも安全神話に陥る可能性があり、それを完全に防ぐことは簡単ではありません。合理的なエコンであれば、会社の上層部の「何よりも安全を最優先する」という掛け声だけで、安全を最優先にするでしょう。しかし、不合理なヒューマンは「安全最優先」という言葉の意味や大切さは理解できますが、実際にそれを実行するとは限りません。行動科学の視点から考えれば、言葉や教育だけで不合理なヒューマンに「安全最優先」を求めるのは無理があります。

だからといって、不合理なヒューマンに対して何もできないというわけでもありません。1つの方法が、本書で取り上げた「**セルフナッジ**」という考え方です。それは、不合理なヒューマンを合理的なエコンに変えようとする従来の倫理規程や安全教育と異なり、**ヒューマンの不合理（認知バイアスや人間心理）を利用して、**

彼ら・彼女らが望ましい行動をとれるように手助けする方法です。例えば、5章で説明した「損失フレームから利得フレームへの転換」によって、現場の技術者らのリスキーな判断や行動をある程度防げる可能性があります。損失と認識すればリスキーな行動をとり、利得と認識すれば慎重な行動をとるという現象は、エコンから見れば極めて不合理ですが、ヒューマンの場合はその不合理が利用できるわけです。

セルフナッジという考え方は欧米の研究者らの間で関心が高まっているものの[2][3]、日本ではまだ馴染みのない概念です。今後、日本でもセルフナッジの議論が活性化することが期待されます。

近年は、日本を代表するような大企業で不正や事故などの不祥事が後を絶ちません。特に大企業の場合は、外部の有識者で構成される調査委員会などが設置されて、不祥事の原因を徹底的に分析した上で必要な対策が講じられます。それらの対策でしばしば見受けられるのは「倫理規定の改定」や「倫理教育の徹底」というものです。*

＊ 原子力業界に限らず、組織で失敗が起きると再発防止のために新たな規則を作ったり管理体制を厳格にして、それでもまた失敗が起きたらさらに規則や管理体制を強化するということが繰り返されます。このように従業員を厳しく監視・管理する方法は「マイクロマネジメント」と呼ばれ、従業員のモチベーションや生産性の低下に繋がります。

それらの対策に一定の効果はあるのでしょうが、行動科学を研究している私には「**エコンを前提にした対策**」に思えてしまいます。エコンであれば、倫理規程や倫理教育によって望ましい行動をとらせることが可能でしょう。しかし、ヒューマンの場合は必ずしもそうなりません。**現場で働く多くの人は倫理や安全の重要性を理解していますが、実際の現場では様々なバイアスや集団心理によって「本人も望んでいないような行動」をとってしまうことが多々あります**。* それが最悪の形で現れたのが、不正や事故などの不祥事だと私は考えています。

従来の方法（倫理規程や倫理教育）を否定するつもりはありません。しかし、これだけ日本企業で不祥事が起きているという現実は、従来の方法に限界が来ていることの表れかもしれません。

多くの企業が倫理教育などに力を注いでいますが、それらの方法の限界を感じているのでしたら、「**ヒューマンは不合理である**」**という前提のもと、行動科学の知見を使って彼ら・彼女らが望ましい行動をとれるようにナッジしてあげる**（**肘で軽くつつく**）ことも検討してみてはどうでしょうか。

＊ ５章でも触れた「行動倫理学（behavioral ethics）」では、人間が非倫理的行動をしてしまうのは、倫理観の欠如よりも認知バイアスや人間心理に大きな要因があると考えており、欧米の倫理研究者の間で関心が高まっています。[4]

本書が、様々な世界に住んでいる「不合理なヒューマン（普通の人間）」に望ましい行動をとってもらう一助になることを願っています。

コラム⑦ ヒューマンは自分に都合よく解釈する

下の絵を見てください。「**アヒル**」に見える人もいれば、「**ウサギ**」に見える人もいるでしょう（アヒルのクチバシをウサギの耳に置き換えてください）。この絵からもわかるように、**同じ物事を見ていても、人によって見え方や感じ方は大きく異なります。**

この絵は哲学者ルートヴィヒ・ヴィトゲンシュタインの「アスペクト盲の錯視画」を参考に筆者（松井）が描いたものです。ちなみに米国で行われた実験によれば、同じような絵を10月に見せた場合は「アヒル（または鳥）」と回答する人が多いのに対して、イースター（復活祭）[5]に見せた場合は「ウサギ」と回答する人が多いことが示されました。これは、米国ではイースターのシンボルとしてウサギがよく使われるためです。このように、文脈や環境によって物事の認識が変わる現象は「**文脈効果**」と呼ばれます。[6]

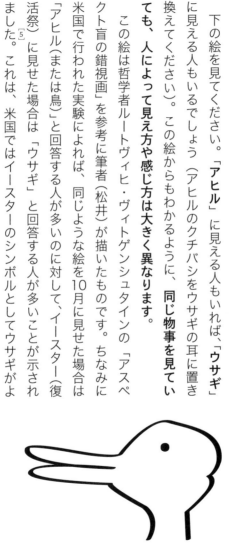

この絵は単純なので2通り（アヒルまたはウサギ）の解釈しかできませんが、**現実社会で起きる出来事はもっと複雑であるため、何百または何千通りの解釈が可能**です。[7] 解釈が異なれば、物事は驚くほど違って見えるようになります。

本書の内容について、ある学会で講演をしたことがあります。そこで、色々な人から貴重な意見をいただくことができたのですが、物事の解釈には強いバイアスが働くということを改めて実感しました。

1F事故について私（松井）は、「愚かな人たちが起こした人災」よりも、**「原子力関係者（普通のヒューマン）が普通に頑張った結果、安全神話という極めて不合理な状態に陥って起きた事故」**の方が現実に近いと考えています。東京電力を含む原子力関係者に大小様々な問題があったことは事実ですが、「明らかに人災である」と主張する人々にはあまり賛同できません。ただし、私の考えは、これまでの様々な人のインタビューを通じて私の中に作られた東京電力のイメージ（像）が影響している可能性は十分あります（筆者も不合理なヒューマンの1人ですから)。従って、その考えが必ずしも正しいとは思っていませんし、誰かに無理やり押し付けるつもりもありません。
その学会で1F事故を人災と考えている人々の意見を聞いていると、私の抱いているイメージと大きく異なる「東京電力像」を見ているような印象を受けました。同じ東京電力という組織について議論をしているのですが、**まるでまったく別の組織について会話しているような感覚で、話がうまく噛み合わない**のです。

行動科学分野の研究によって、人間は驚くほど「自分にとって好ましいように物事を解釈する」ということがわかっています。有名な研究として、アメリカンフットボールの試合を大学生に見せた実験があります。[8] プリンストン大学とダートマス大学の大学生に、双方のチームが対戦して非常に荒れた試合の短い映像を見せました。すると、全員が同じ映像を見たにもかかわらず、どちらの学生も「相手チームのプレーの方が明らかに悪質だ」と主張しました。その実験を行った研究者の目には、まるで「別の試合」を見たかのように映るほどでした。[9] このように、同じ物事であっても、その人の立場や好みによって、まったく違うものに見えることは少なくありません。

本書では、原子力業界の様々な**「不合理」***を取り上げてきました。おそらく1F事故を人災と考えている読者は**「愚かな行動（自分だったら、そんな愚かなことをしない）」**と理解したでしょう。一方、人災ではないと考えている読者は**「普通の人間らしい行動（自分も同じようなことをしたかもしれない）」**と感じた人が多いと予想されます。

1F事故が人災なのか、そうでないのかは、人によって意見が大きく割れる問題であり、この論争はしばらく続くことになると思います。もし、この問題に「答え」というものがあるとしたら、私は両者の中間に存在するような気がします。エコンなら苦労することなく答えに到達できるのかもしれませんが、不合理なヒューマンで構成される社会全体が納得できる答えに到達するのは、ほとんど不可能でしょう。

原発に関する議論は、「現在の原発は十分に安全である／極めて危険であ

＊「不合理」という言葉には様々な定義がありますが、本書では「合理的な人間（エコン）は絶対にしないこと」という意味で使っています（「愚か」や「間違っている」という意味ではありません）。

る」や「巨大津波は予見困難だった／予見すべきだった」など極端な意見に二極化することがしばしば起こります。それは不合理なヒューマンなら仕方のないことかもしれません。しかし、双方の人々が「(アメフトの試合のように) **自分は都合よく物事を解釈しているのかもしれない**」という謙虚な気持ちを持つことができれば、議論が少しは前に進むのではないでしょうか。原発に関して「特定の意見を強く主張する人」は非常に多いのですが、「謙虚な人」は不思議なほど少ないように感じます。

行動科学の知識をいくら学んでも、「物事を客観的に見ること」は簡単ではありません。それほどヒューマンの不合理は頑健な現象だからです。しかし、**行動科学の知識を理解することで、今よりも「謙虚な気持ちを持つこと」は、きっとできるようになるはずです。**行動科学の研究にはその力があると私は信じています。

補章　技術者倫理の視点で考える安全の新しい形（大場）

技術者倫理、すなわち技術者が持つべき倫理を、私は「技術者が、自らの専門能力に基づき、時代に即した価値判断とバランス感覚をもって自らの行動を『設計』できること。また、その設計した行動を『実践』できること。」と定義しています。ただ、技術者（あるいは技術者が所属する組織）も社会の一部です。ですから、その意思決定や行動は、社会の影響を受けます。

本書のタイトルは「不合理な原子力の世界」です。実際、原子力技術に携わっている者が、仕事をしている上で「不合理」あるいは「理不尽」に感じてしまうことについて、すでに本書でも多くの例が挙げられていますが、他にも以下のようなことがあります。

・一般的な商品は、一般の人々にとってその「商品（デザイン、色、使い勝手、価格等）」が自分の求めるものと合致していれば満足してもらえる。でも、原子力発電所でつくられる電気は、「原子力発電所で作った電気」として売られておらず、一般的な商品と同じようには満足度を測れない。また、原子力の優れている部分を、電気を使っている方に、電気から直接感じてもらうことができない。

・1F事故は、原子炉の運転等により原子力損害が生じた場合における損害賠償に関する基本的制度を定め、製造者の保護を図り、原子力事業の健全な発達に資することを目的とした「原子力損害の賠償に関する法律（1961年6月17日法律第147号）」に基づき、東京電力がその賠償責任を負っている。ただ、1F事故は、東京電力が、国が定めていた様々な規制になんらかの違反をして起こした事故ではない。規制を超えた、さらなる安全への対応をしていなかったことによって起きた事故といえる。だが、「原子力損害の賠償に関する法律」の3条1項にあたる「原子炉の運転等の際、当該原子炉の運転等により原子力損害を与えたときは、当該原子炉の運転等に係る原子力事業者がその損害を賠償する責めに任ずる。ただし、その損害が異常に巨大な天災地変又は社会的動乱によって生じたものであるときは、この限りでない。」の後段は、日本国内で観測された地震の中で最も規模が大きく、Ｍｗ９・０の東北地方太平洋沖地震による津波被害が原因である１Ｆ事故には適用されなかった。

・国による航空や鉄道事故の調査報告書には「被害が大きく拡大しなかったことに関する解析」という項目が含まれていることがある。しかし、たとえば東京電力福島原子力発電所における事故調査・検証委員会がまとめた最終報告に、そのような項目はない。事故の調査分析において、その原因として「悪いところ」を究明することは重要だ。ただどのような大きな事故でも、もっと大きな被害が起きる可能性があったなかで被害を小さくすることができた部分があるならば、その部分も明確にし、そのような対策や対策を実施できた組織文化を、他組織を含めて展開をする必要がある。そうしないと、悪い部分を改善しようとして、良い部分もなくしてしまうことも起きうる。たとえば、２０１０年に完成した１Ｆ事故の現地対策本部が置かれた免震重要棟の建設やいわゆるFukushima50といわれる行動が、「被害が大きく拡大しなかったこと」に当てはまると思うが（Fukushima50については、上記報告書の「委員長所感」で「現場作業に当たった関係者の懸命の努力」についての記述があります）、原子力発電所の事故の調査報告書において、これらが注目されていることはほとんどない。

・1F事故対応時、当時の首相は東電本店に乗り込み、「（現場からの）撤退などあり得ない」と幹部に迫ったが、東京電力をはじめ、原子力発電所で働く電力会社の社員は、一民間企業の社員である。状況から考えて、発電所の悪化を食い止めるためには、原子力発電所の仕組みを理解している人が必要なのは間違いないが、首相が民間企業の意思決定に介入するのは正しい行動とは言えない。

・より慎重な安全が求められる原子力発電所では、使われている部品数、規制機関に出さなければならない書類の多さ等が、他の産業よりはるかに多い。たとえば日本の原子力発電所は平均して1基あたり、熱交換器140基、ポンプ360台、弁3万個である。* その上で、それらに故障やミスがあったと

＊ 日本原子力学会（編）：原子力がひらく世紀、ISBN4-89047-096-4，2004

き、他産業はもちろん、同じ電力会社でも、他の発電方法の発電所がしても報告しなくていいことの報告が原子力では求められ、時にマスコミで取り上げられる。その際、原子力の特殊性や他産業等との比較等には触れられないので、故障やミスの報道に接した方は、原子力発電所で働く人はミスが多い、原子力発電所は安全レベルが低いと思ってしまいやすい。

・このような、他産業等には触れらないまま、原子力発電所に関する故障やミスが報道されることは、2024年元日に起きた能登半島地震でも見られた。原子力発電所には、放射性物質の漏洩に関係しない機器も多く、またそれらは放射性物質の漏洩に関係ある機器に比べて安全レベルが低い（一般産業と同じレベルの耐震設計でよい）ことから、地震による故障も生じやすい。原子力発電所について詳しい者からみると、原子力発電所内でなんらかの故障が起きることと、放射性物質の漏洩には大きな隔たりがあるが、故障の報道やその報道を受け取った一般の方々の感覚には、ほとんどその隔たりは意識されていないと見受けられる。

ただ、不合理や理不尽であったとしても、原子力をやる以上、これらを言い訳にすることは絶対にあってはなりません。1F事故を経験した私たちは、原子力発電所で事故が起きるということがどういうことなのか、1F事故が起きる前に想像していたものとはまったく違う重い現実を知っています。また、1F事故を受け、一般の方々が、事故に対してより現実的な恐怖を持つことは当然です。原子力技術をこれからも使い続けるのであれば、携わる技術者を含む原子力技術を使い続けようとする社会を構成しているすべての人が、「技術者が、自らの専門能力に基づき、時代に即した価値判断とバランス感覚をもって自らの行動を『設計』できること。また、その設計した行動を『実践』できること。」を実践できるようにどうすればよいかを考えなければならないと思います。

私は、安全を創る第一人称は、技術者と考えています。ただし、技術に携わる上で、第一に大切にしないといけないものは安全ですが、安全を追及しすぎてコストが高くなってしまい一般の人々が購入できない、電気でいうならば電気料金が高すぎて、本来電気を使えば問題が解決する状況においても電気を使うことを躊躇してしまうことが起き、社会全体の安全や安心、健康を阻害してしまっては、元も子もありません。技術者には、安全を守ることを大前提に、品質、コスト、環境、もっと技術者自身に直接かかわりのあることでいえば所属組織の利益、上司との関係なども含め、技術者が大切にしないといけないもの、あるいは技術者としての意思決定に影響を及ぼす「価値」。このさまざまな価値を認識し、それら全体のバランスをもって、安全を実現することが求められています。

けれども「バランス」あるいは「時代に即した」というのはなんとも難しいものです。時代が変われば、技術の進歩度合いが変わります。社会の価値観も変わります。そもそも何をもって「安全」と考えるのかも、1990年に策定、2014年に改訂発行された安全に関する国際規格作成のガイドラインであるISO/IEC GUIDE 51が、「安全とは許容できないリスクがないこと」と安全を定義していることに基づけば、社会の価値観によって安全の定義も大きく変わるということです。それらの現状をみて、そしてこれからの未来を見据えて、安全を実現しなければならないわけですが、答えはありません。もしあるとするならば、それは未来の結果であって、意思決定をする現在にその答え合わせをすることはできないのです。

2023年現在、新潟県にある東京電力HD（株）柏崎・刈羽原子力発電所では、大雪の際の避難について懸念の声があがっています。原子力発電所は、発電中に二酸化炭素や大気汚染物質（窒素酸化物、硫黄酸化物等）を排出せず、エネルギー資源に乏しい日本において燃料の安定供給ができる発電方法であるなどの利点があります。けれども、もう一方の事実は、1F事故がそうであったように、設計者や運転者が考えきれないリスクが存在し、それが大量の放射性物質を拡散する事故として顕在化したとき、周囲には自然災害とは全く異なる被害と不安が生まれるという欠点です。こうした中、大雪時の避難路確保が議論されているのですが、大雪の際に原子力発電所が事故を起こしたとしても大きな被害を生まないようにすることが求められていることであるならば、「避難に問題を生じるような大雪予報が発せられたときは原子力発電所を稼働しない」という選択肢もあるように思うのですが、私の知る限りそのような議論はなされていません。1F事故による放射性物質の拡散は、運転中であった原子炉の崩壊熱を制御できなかったことで起きていることからもわかるように、事故のリスクを下げるには、発電所を止めることがもっとも効果的です。ですから、「原子力発電所はベースロード電源」という考えをはじめとする既存概念に固執せず、安全、安心、品質、コスト、環境等々、技術者はもちろん、社会を構成するみんなで、考えるべき価値を考え、もっと自由にさまざまな選択肢を出し合い、最終的な意思決定をしていければと思います。そして、そのために、原子力技術を担っている側から、社会（すべての一般の人々）に向けた、もっと自由で率直な、「伝わる」情報発信が必要だと考えています。

私が考える「安全の新しい形」は、1F事故を受けても、なお不合理な（側面も持つ）原子力発電所を動かすのであれば、技術者も、社会（一般の人々）も、それぞれが考える「許容できないリスク」である「安全」について、さまざまな価値を出し合いながら、考えうる解を貪欲に出し合い、それらを時代に即した価値判断とバランス感覚をもって議論し、めざすべき安全を明確にすること。そして、技術者は、その安全に向け、自らの行動を「設計」し「実践」することです。1F事故は、東京電力の社員や組織が、規制やルールを守らないから起きた事故ではありません。事故が起きてわかった「すべきこと」をしていなかったから起きた事故です。

１Ｆ事故を踏まえ、私たちは「これから」起きる事故が起きていない段階で、事故を防ぐ対策（事故が起きた後なら「再発防止」といわれる対策）を取れるようになったのでしょうか。１Ｆ事故をさまざまな角度から学び、心に置き、社会全体で安全の新しい形を実現しなければならないと考えます。

あとがき

福島原発事故や行動科学（行動経済学や人間心理）、技術者倫理に関する書籍がたくさん出版されている中で、本書をお読みいただきありがとうございました。研究アプローチとして、本書のようなオートエスノグラフィーの分析は、現実の問題を深く理解できるというメリットがあるのに対して、研究者本人の主観が入ることは避けられないというデメリットもあります。

そこで本書では、私（松井）自身のオートエスノグラフィーだけでなく、ネイティブ・エスノグラフィー（コラム②参照）を組み合わせて複数の視点から分析を行い、推論の妥当性を高めることを目指しました（専門用語でトライアンギュレーションと言います）。東京電力だけでなく複数の電力会社の社員や、メーカーの技術者、大学の研究者、官僚など職位や経歴が異なる様々な原子力関係者の話を聞きましたが、それぞれの人が考える問題や現状の認識などには多くの共通点がありました。そのような共通点に原子力業界が抱える本質的な問題が潜んでいると考えられるため、本書ではそれらの発言を中心に引用しています。

このインタビューに協力することで、報酬がもらえるわけでもなければ、ご自身の名前が表に出るわけでもないのに、お忙しい中、誰もが非常に献身的に対応してくださいました（あまりにも深い話を色々してくださるので、インタビューはいつも予定時間を大幅に超過してしまいました）。そのようなやりとりを通じて、「原子力関係者は真面目で優しい人が多い」という以前から私が感じていた思いが一層強まりました。原子力関係者というと社会的にはあまり良い印象はないかもしれませんが、今回のインタビュー協力者に限らず、真面目で優しい人が多いというのは事実だと思います。本書を通じて、原子力関係者の不合理さだけでなく、彼ら・彼女らに対して今までと違った印象を感じていただけたのであれば、この本を世に出した意義があったと言えるでしょう。

インタビュー協力者のみなさんが「リアルな本音」で福島原発事故や現状の問題について語ってくださったおかげで、安全神話や社会的な問題に関する「部分的な真実」を明らかにすることができたと考えています。本来であれば、インタビュー協力者のお名前を挙げてお礼を述べたい気持ちですが、それができないのが私としては残念です。１F事故から10年以上が経過してもなお、原子力関係者への風当たりは強いので、匿名でなければこのような話をするのは難しいでしょう。

原子力関係者と社会の人々が、本書のインタビューのようにお互いに腹を割って本音で話せる日が来ることを願うばかりです。それこそが安全神話から決別するためにもっとも大切なことだと思います。

松井　亮太

［付記］

本研究は、科研費（JP21K14380・JP22K01727・JP22K18444）の助成を受けたものです。

東京都立大学の長瀬勝彦先生には、意思決定論の視点から大変有益なコメントをいただきました。厚く御礼申し上げます。ただし、あり得べき誤りは、すべて筆者の責任に帰属します。また、本書で述べられている意見は筆者およびインタビュー協力者の個人的見解であり、電力会社や原子力業界の公式見解ではありません。なお、インタビューの引用は、インタビュー協力者に原稿を確認していただき、同意を得た上で掲載しています。

使用したイラストは『その場で「聞く・まとめる・描く」グラレコの基本』（本園大介、日本実業出版社）を参考に筆者（松井）が作成しました。

本書の1章、4章、5章、6章、付録A、付録Bは、以下の研究内容を大幅に加筆・修正したものです。

・松井亮太（２０１９）「東京電力のトラブル隠し事件と２００６年以降の津波想定の比較分析：行動倫理学の観点から」『日本経営倫理学会誌』*26*, 117-133.
・松井亮太（２０２０）「福島原発事故前の津波想定と安全対策に関する調書の分析：意思決定と組織間関係の視点から」東京都立大学 博士学位論文.
・松井亮太（２０２０）「福島第一原子力発電所事故前の津波想定における集団思考：調書の質的データ分析を通して」『日本経営倫理学会誌』27, 169-185.
・松井亮太（２０２０）「失敗を許す社会へ」『日本原子力学会誌 ATOMOΣ』*62*(9), 527-531.
・松井亮太（２０２１）「福島第一事故前の安全対策に関する調書の質的データ分析：組織間関係とシステムアプローチの視点から」『日本原子力学会和文論文誌』*20*(4),188-205.
・松井亮太（２０２１）「Wisdom of Crowds 論から考える討議デモクラシーの可能性」『日本原子力学会誌 ATOMOΣ』*63*(8),600-604.

一般に、ヒューマンは他人の問題には簡単に気づけるのですが、自分の問題に気づくことは苦手です。それは、本書で見てきた1F事故前の原子力関係者だけでなく、本の執筆者も同じです。本書をお読みいただいて、気づいた問題や疑問点があれば、遠慮なく筆者までお知らせください。忌憚のないご意見をお待ちしています。

松井：r-matsui@yamanashi-ken.ac.jp
大場：kyoko_oba@nagaokaut.ac.jp

索　引

［あ］

［か］

［さ］

［た］

付録 A

1F 事故前の津波想定の経緯

日本の津波防災に大きな影響を与えたのは 1993 年 7 月に発生した奥尻島津波（北海道南西沖地震）です。この津波によって奥尻島が壊滅的な被害を受けたため、日本政府の関係 7 省庁は 1997 年 3 月、『地域防災計画における津波防災対策の手引き』（以下、7 省庁手引き）を作成しました。7 省庁手引きを使えば、モデル計算により津波の波高を算出することができます。7 省庁手引き公表後の 1999 年 11 月、原発の津波評価手法を検討するために土木学会に津波評価部会が設置されました。津波評価部会は約 2 年間の検討を経て 2002 年 2 月、『原子力発電所の津波評価技術』（以下、津波評価技術書）という本を刊行しました。津波評価技術書で算出される波高は 7 省庁手引きで算出される波高よりも 2 倍程度の高さとなり、より安全側に評価する手法となっていました。

ここで注意しなければならないのは、7 省庁手引きと津波評価技術書は「痕跡高の記録のある津波[*1]」しか考慮していないという留意事項（適用限界）が存在したことです。痕跡高の記録は高々 300 年程度[*2]に限られるため、それよりも再来期間の長い津波（つまり、それより昔に起きた津波）は考慮されていません。実は 7 省庁手引きには留意事項[*3]が書かれていたのですが、その後に刊行された津波評価技術書には留意事項が書かれませ

＊1 古文書などで波高の記録が残っている津波。
＊2 地域差があり、記録が長く残っている地域もある。
＊3 7 省庁手引きには「統計的手法で遠地津波を想定することは困難」と記載されていた。

んでした。

その結果、電力会社（原子力事業者）は津波評価技術書をバイブルのように扱い、原発の敷地が津波評価技術書で計算される波高より5cmでも高ければ安全と考えるようになりました。東電は2002年、津波評価技術書に基づいて1Fの津波想定高さを5.7mに設定しました。なお、津波評価技術書では福島県沖（日本海溝沿い）に津波の波源を想定していませんでした。[*4]

津波評価部会に関わった津波の専門家らは想定超の津波（つまり、記録のない津波）の可能性を十分認識していましたが、想定超の津波の議論は将来のテーマとして持ち越されました。また当時、貞観津波（869年に東北地方太平洋岸を襲ったとされる巨大津波）などの「記録のない津波」への認識が高まりつつありましたが、津波評価部会はそれらの新知見は国の委員会などで取り入れられていくものと考えました。

土木学会が津波評価技術書を刊行したのは2002年2月でしたが、その直後の2002年7月、文部科学省の地震調査研究推進本部が『三陸沖から房総沖にかけての地震活動の長期評価について』（以下、地震長期評価）という資料を発表しました。それまでの通説では「福島沖では巨大津波は起きない」とされていましたが、地震長期評価は「巨大津波は福島沖を含む日本海溝沿い（三陸沖から房総沖）のどこでも起こり得る」としました。しかし、防災対策で使うには留意が必要という留意事項が書かれていたこともあり、地震長期評価は実際の防災対策にほ

＊4 津波の記録がなかったため。

とんど影響を与えませんでした。

2004年12月にインドネシア・スマトラ島沖で巨大津波が発生しました。この津波はインドのマドラス原発にまで押し寄せ、原子炉の冷却に必要な海水ポンプが水没するという事故が発生しました。しかし、海水ポンプを除いて重大な被害がなく、日本の原子力関係者は津波評価技術書の評価結果は十分な安全性を有していると考えていたため、津波対策を真剣に検討することには繋がりませんでした*。

2006年1月、内閣府の中央防災会議は『日本海溝・千島海溝周辺海溝型地震の被害想定について』という資料を発表しました。この資料では福島沖津波や貞観津波は、「確実に存在したか十分に確認されていない」という理由によって防災対象から外されました。このように国を代表する防災機関が福島沖の巨大津波を防災対象から外したことは、東電の津波対策に関する意思決定に少なからず影響を及ぼしました。

これらの出来事と並行して、原子力安全委員会に耐震指針検討分科会が2001年7月に設置され、原発の耐震指針（地震に対する安全審査の基本となる考え方）の改定作業が行われていました。当時は地震への関心が高かったことに加えて耐震指針検討分科会の委員に津波の専門家が含まれていなかったため、分科会では地震に関する議論が大半となりました。ただし津波の議論がまったく無かったわけではなく、津波評価の最新手法として土木学会の津波評価技術書が何度か紹介されました。

---

* スマトラ沖津波などを受けて、2006年に原子力安全・保安院で勉強会が開催され、電力各社も参加した。

最終的に2006年9月に改定された新指針はほとんど地震に関する内容となりましたが、津波については以下の一文だけ盛り込まれました。

「施設の供用期間中に極めてまれではあるが発生する可能性があると想定することが適切な津波によっても、施設の安全機能が重大な影響を受けるおそれがないこと。」

この記載は耐震指針検討分科会の事務局が作文したものであり、委員の間で津波の記載について特に議論はありませんでした。また、「極めてまれ」の意味についての議論もありませんでしたが、地震の場合は1万年から10万年という期間を想定していたため、津波についても同様のイメージが持たれました。しかし、耐震指針検討分科会で何度か紹介された津波評価技術書は、前述のとおり過去300年程度に起きた津波しか考慮していないという適用限界があり、指針の「極めてまれ」とは大きな乖離がありましたが、分科会ではその問題に誰も気づかないまま津波評価技術書が最新知見とみなされました。耐震指針検討分科会の委員は「津波対策の具体的なことは指針改定後の安全審査で議論される」と考えていました。

耐震指針の改定を受けて原子力安全・保安院（当時の規制当局）は2006年9月、既存原発の新指針への適合性を確認するための安全審査（バックチェック）を開始しました。バック

チェックでは地震だけでなく津波も対象とされたのですが、津波評価は土木学会の津波評価技術書に基づいた審査、すなわち、「記録のある津波」だけを想定した審査となっていました。さらに2007年7月に中越沖地震が発生したことを受けてバックチェックの中間審査を早期に行うことになり、中間審査では津波評価は後回しにされ地震評価が審査の中心となりました。

東電が福島沖の巨大津波の可能性を認識したのは2008年のことです。バックチェックのために津波評価の検討を行っていた東電の担当者は2008年2月、ある津波の専門家から「福島沖の海溝沿いで大地震が発生することは否定できないから波源として考慮すべきだろう。2002年の地震長期評価について、無視しておくというのは考えものだ。」という旨の指摘を受けました。その後、東電担当者は地震長期評価に基づき1Fの津波高さを試算し、最大15.7mとなりました。しかし、その試算結果を聞いた東電幹部らは、地震長期評価で指摘されている福島沖巨大津波の対策を講じず、バックチェックは津波評価技術書に基づいて対応する方針を決め、念のため土木学会に福島沖津波の検討を依頼しました（この土木学会の検討は3.11までに完了しませんでした）。さらに2008年10月、東電は別の津波専門家から貞観津波の情報を入手しましたが、貞観津波も地震長期評価の情報と同じようなものと受けとめ、また土木学会に検討を依頼しました（この際、福島県で津波の堆積物調査を行うことも決めました）。これらの意思決定の背景には、東電の幹部ら

＊1 中間審査評価書には「現在、研究機関等により869年貞観の地震に係る津波堆積物や津波の波源等に関する調査研究が行われていることを踏まえ、当院は、今後、事業者が津波評価及び地震動評価の観点から、適宜、当該調査研究の成果に応じた適切な対応を取るべきと考える」との意見が付された。

は「福島沖の巨大津波の問題は自社で扱うには大きすぎるので、国レベルで議論をするべき」と考えていたことがあります。

2009年7月、1Fのバックチェック中間審査において、ある専門家が「貞観津波を無視することはできない」と指摘しました。しかし、原子力安全・保安院は貞観津波の議論を最終審査に先送りにすることを決め、1Fの中間審査は合格となりました[*1]。この後、福島沖の津波の議論はほとんどされないまま、3.11を迎えました[*2]。1Fに襲来した津波は最大約15mの高さに達し、非常用発電機を含む多くの安全設備が使えなくなりました。

＊2 2010年、福島第一原発3号機のバックチェックの際に保安院内部で貞観津波の議論が一時的に行われた。また、2011年4月に予定されていた地震長期評価の改定に対応するため、2011年2月から3月（震災直前）に保安院と東電の間で貞観津波の議論が行われた。

付録 B

1F 事故前の重大事故対策の経緯

日本の原発の安全規制では、通常考え得る機器故障や地震などの様々な事象を想定し、それらの「想定される事象」に対して炉心損傷（メルトダウン）が起こらないよう安全対策を講じることが義務付けられてきました。このような考え方を「決定論的安全対策*」と言います。これらの安全対策には多重性または多様性を持たせ、1 つの設備が動作しなくても他の設備で代替できるよう多重防護が図られていました。

一方、「想定を超える事象」により炉心損傷や放射性物質放出に至るような重大事故（Severe Accident：SA）を防止・緩和するための措置はアクシデントマネジメント（Accident Management：AM）と呼ばれ、標準設備の決定論的安全対策とは別物として位置付けられてきました。1979 年に米国で発生したスリーマイル島原発事故や 1986 年に旧ソ連で発生したチェルノブイリ原発事故などを受けて、諸外国では AM の整備が進められていました。

日本でもチェルノブイリ原発事故後にAMの検討が行われました。原子力安全委員会（以下、安全委員会）は 1992 年 5 月、『発電用軽水型原子炉施設におけるSA対策としてのアクシデントマネージメントについて』を決定しました（以下、安全委員会決定）。この安全委員会決定を受けて、通産省（当時）は 1992

＊ 原発の安全性を評価する方法は「決定論的アプローチ」と「確率論的アプローチ」に大きく分かれる。決定論的アプローチでは、設計上対処すべき事故（設計基準事象）を決定し、その適切な対策がなされているかを評価することで、安全対策の妥当性を確認する [1]。これらの設計基準事象は、工学的に想定される無数の事故シーケンスのうち、事象の進展や影響の包絡性などを考慮して、少

年7月、『原子力発電所内におけるアクシデントマネジメントの整備について』を発出しました（以下、通産省通達）。

基本的に、AMの整備は確率論的リスク評価（Probabilistic Risk Assessment：PRA）の結果を踏まえて実施されます。具体的には、想定を超える事象のリスク（発生確率×影響度）をPRAにより算出し、リスクの大きなものから対策を講じていきます（確率論的安全対策）。

1992年の安全委員会決定および通産省通達では、AMは規制ではなく電力会社（原子力事業者）の「自主的取組」として整備することが決められました。また、AMの対象は内部事象（機器故障やヒューマンエラーなど）のみとされ、外部事象（自然災害など）は対象に含まれませんでした。

1992年にAMが規制ではなく自主的取組と位置付けられた理由は大きく3つあります。第1に、原発の安全規制は既に十分厳しい水準となっており、重大事故が起きる可能性は極めて低く、AMを規制化する必要はないという判断によるものです。第2に、原発の安全規制は決定論的体系となっていて、PRAやAMといった確率論的手法は馴染まないと考えられたためです。第3に、AMの規制化は「重大事故が起きる可能性」を認めることに等しく、それまでの「事故は起こらない」という説明と矛盾するので、AMを新たに規制化することを地元住民に説明できなかったためです。

一方、AMの対象が内部事象のみとなった理由は、1992年時

数の代表シーケンスが選定される。一方、確率論的アプローチでは、理論的に考え得るすべての事故シーケンスを対象として、発生頻度や影響度を定量的に分析・評価する[2]。決定論的アプローチと確率論的アプローチは、原発に限らず航空機など様々な産業の安全評価で広く使われている。

点は外部事象のPRAを行う技術が確立していなかったためです。これらの理由から、AMは電力会社の自主的取組として内部事象のみ整備することが決まりました。

これに関してインタビューでは、ある電力会社の人から以下の発言がありました。

「電力会社がAMをやるべきと言っていれば、もっとAMをやることになっていたでしょうね。AMみたいな対策に本腰を入れると、地元から『そんなに危ないのか、事故を起こさないって言ったじゃないか、放射性物質を出さないって言ったじゃないか』と言われた時に、地元に説明できないとか、自社の発電所が止まるとか、そういう心配があったと思います。一番悪いのは電力会社ですが、電力会社だけが悪いわけじゃない。海外の規制情報が国や安全委員会にも入るわけですから、日本よりも原子力の先進国である欧米諸国がAMをやるのに、それをやらないと決めたのは国です。電力会社が『規制化はやめてください』と国に圧力をかけた気配はありますけど、最終的にAMを自主的取組にしたのは国です。」

「AMの規制化を安全委員会の人たちがやろうとしなかったのは、現場の実態を知らなかったからだと思います。日本では有識者の先生に相談する会議体を色々作りますけど、

その有識者の先生らの中で、本当に現場のことを知っている人は少ないんです。また、電力会社もそういう人たちを集めて、有識者として立てて、うまく回そうとする。そういうのは欧米ではないですよね。日本みたいに『何の有識者かわからない』という人じゃなくて、ちゃんとした経歴や実績がある人に入ってもらう。これは日本の特異なところだと思います。」

そして、電力会社は、すべての原発で内部事象のみを対象としたAMの整備を2002年までに完了しました。PRAやAMは自主的取組という位置付けでしたが、それらの実施状況は原発の定期安全レビュー（Periodic Safety Review：PSR）を通じて、規制当局と有識者が定期的にチェックしていました。

内部事象のAMの整備が完了した2002年、東電の原発部門で大規模なトラブル隠し*が発覚しました。このトラブル隠し事件への対応として、PSRを従来の自主的取組から規制要求に強化する制度改革が2003年に施行されました（以下、PSR法制化）。PSR法制化ではメンテナンスや品質保証などの審査が大幅に強化されましたが、PRAやAMは規制化されず自主的取組のままとされました。このPSR法制化の後、原子力安全・保安院（2001年の中央省庁等改革で通産省に代わり発足した規制当局）や有識者はAMの整備状況をチェックしなくなりました。

---

* 原子炉格納容器漏洩率検査などの不正が多数発覚し、社会的に大きな問題として取り上げられた。

そして、電力会社は1992年の要求（つまり、内部事象のAM）を超えて外部事象（地震や津波など）のAMを整備することはありませんでした。この点は、外部事象のAM整備が進められていた欧米諸国と大きく異なります。

1992年の安全委員会決定に関わった人はインタビューで以下のように発言していました。

「自主的取組となった後は、結局、見てのとおりの1F事故なので、いい加減な設計をしていたためAMはまったく役に立たなかった。20年前に言っていたベントや消防車はなぜ使えないんだと、そういう気持ちはありましたね。それは結局、自主的取組っていうことなので、超いい加減に彼ら（電力会社）はやっていたっていうことじゃないんですかね。」

「その当時の私は、AMの通知文を出して『じゃあ、これでうまくいく』とまでは思っていなかったですけど、でもさすがに電力会社があそこまでまったく動かないとは思わなかったです。」

このように、日本の原発のAMは内部事象のみに限定され、外部事象のAMは整備されなかったため、3.11で想定を超える津波に見舞われた1FではAMを十分に使うことができず、炉

心溶融や水素爆発など深刻な事態に発展しました。

引用文献

1章

［1］ Wilson, T. D., & Nisbett, R. E. (1978). The accuracy of verbal reports about the effects of stimuli on evaluations and behavior. *Social Psychology*, *41*(2), 118–131.

［2］ Bar-Hillel, M. (2015). Position effects in choice from simultaneous displays: A conundrum solved. *Perspectives on Psychological Science*, *10*(4), 419–433.

［3］ Nakajima, S., Kurokawa, M., & Masutani, S. (2016). Right-side bias in choosing an item from identical objects: Two field studies. *Kwansei Gakuin University Humanities Review*, *21*, 1–8.

［4］ Johnson, E. J., & Goldstein, D. (2003). Do defaults save lives? *Science*, *302*(5649), 1338–1339.

［5］ Ariely, D. (2008). *Predictably irrational: The hidden forces that shape our decisions*. HarperCollins Publishers（熊谷淳子訳『予想どおりに不合理：行動経済学が明かす「あなたがそれを選ぶわけ」』早川書房、2008 年）.

［6］ 内閣府（2021）「移植医療に関する世論調査の概要」https://survey.gov-online.go.jp/r03/r03-ishoku/gairyaku.pdf

［7］ Thaler R. H., & Sunstein, C. R. (2021). *Nudge: The final edition*. Penguin Books（遠藤真美訳『NUDGE 実践 行動経済学（完全版）』日経 BP, 2022 年）.

［8］ 大竹文雄（2019）『行動経済学の使い方』岩波書店 .

［9］ Slovic, P., Fischhoff, B., & Lichtenstein, S. (1979). Rating the risks. *Environment*, *21*(3), 14–39.

[10] 東京電力株式会社（2005）「福島第一原子力発電所 1 号機の安全確認の状況について（平成 17 年 5 月）」https://www.pref.fukushima.lg.jp/download/1/sonota_H170629_7.pdf

[11] Slovic, P. (1987). Perception of risk. *Science*, *236*(4799), 280–285.

[12] Fischhoff, B., & Kadvany, J. (2011). *Risk: A very short introduction*. Oxford Univ Press（中谷内一也訳「リスク：不確実性の中での意思決定」丸善出版，2015 年）.

[13] Kahneman, D., Sibony, O., & Sunstein, C. R. (2021). *Noise: A flaw in human judgment*. Hachette（村井章子訳『NOISE（上・下）』早川書房，2021 年）.

[14] Tetlock, P. E. (2005). *Expert political judgement: How good is it? How can we know?* Princeton University Press.

[15] 長瀬勝彦（2012）「リスク認知のバイアス：なぜリスクが過小評価されるのか」『組織科学』*45*(4), 56–65.

2章

[1] 日本原子力文化財団（2011）「2010 年度 原子力に関する世論調査の結果」https://www.jaero.or.jp/data/01jigyou/tyousakenkyu22.html

[2] 藤田結子・北村文（2013）『現代エスノグラフィー：新しいフィールドワークの理論と実践』新曜社 .

[3] Adams, T. E., Jones, S. L. H., & Ellis, C. (2015). *Autoethnography: Understanding qualitative research*. Oxford University Press（松澤和正・佐藤美保訳『オートエスノグラフィー：質的研究を再考し、表現するための実践ガイド』新曜社，2022 年）.

[4] Kahneman, D., Sibony, O., & Sunstein, C. R. (2021). *Noise: A flaw in human judgment*. Hachette（村井章子訳『NOISE（上・下）』早川書房，2021 年）.

3章

[1] Milgram, S. (1974). *Obedience to authority: An experimental view*. HarperCollins (山形浩生訳『服従の心理』河出書房新社, 2012年).

[2] Cialdini, R. (2009). *Influence: Science and practice*. Prentice Hall (社会行動研究会訳『影響力の武器［第三版］：なぜ、人は動かされるのか』誠信書房, 2014年).

[3] Stasser, G., & Birchmeier, Z. (2003). Group creativity and collective choice. In P. B. Paulus & B. A. Nijstad (Eds.), *Group creativity: Innovation through collaboration* (pp. 85–109). Oxford University Press.

[4] Stasser, G., & Stewart, D. (1992). Discovery of hidden profiles by decision-making groups: Solving a problem versus making a judgment. *Journal of Personality and Social Psychology*, *63*(3), 426–434.

[5] Sunstein, C. R., & Hastie, R. (2015). *Wiser: Gettingbeyond groupthink to make groups smarter*. Harvard Business Press.

[6] 東京電力福島原子力発電所事故調査委員会 (2012)『国会事故調報告書』徳間書店.

[7] Kahneman, D. (2011). *Thinking, fast and slow*. Farrar, Straus and Giroux (村井章子訳『ファスト＆スロー（上・下)』早川書房, 2012年).

[8] Allais, M. (1953). Le comportement de l'homme rationnel devant le risque: Critique des postulats et axiomes de l'ecole Americaine [Rational man's behavior in the presence of risk: critique of the postulates and axioms of the American school]. *Econometrica*, *21*, 503–546.

[9] Tversky, A., & Kahneman, D. (1981). The framing of decisions and the psychology of choice. *Science*, *211*(4481), 453–458.

[10] Gowda, M. R. (1999). Heuristics, biases, and the regulation

of risk. *Policy Sciences*, *32*, 59–78.

[11] 中谷内一也（1998）「ゼロリスク達成の価値におよぼすリスク削減プロセスとフレーミングの効果」『社会心理学研究』*14*(2), 69–77.

[12] Heinrich, H.W.（1959）. *Industrial accident prevention: A scientific approach*（4th ed.）. McGraw-Hill（総合安全工学研究所訳『ハインリッヒ産業災害防止論』海文堂，1982 年）.

[13] Jost, J. T., & Banaji, M. R.（1994）. The role of stereotyping in system-justification and the production of false consciousness. *British Journal of Social Psychology*, *33*(1), 1–27.

[14] Jost, J. T.（2020）. *A theory of system justification*. Harvard University Press（北村英哉・池上知子・沼崎誠訳『システム正当化理論』ちとせプレス，2022 年）.

[15] 森永康子・福留広大・平川真（2022）「日本における女性の人生満足度とシステム正当化」『社会心理学研究』*37*(3), 109–115.

[16] Jost, J. T.（2019）. A quarter century of system justification theory: Questions, answers, criticisms, and societal applications. *British Journal of Social Psychology*, *58*(2), 263–314.

[17] Laurin, K.（2018）. Inaugurating rationalization: Three field studies find increased rationalization when anticipated realities become current. *Psychological Science*, *29*(4), 483–495.

[18] Hennes, E. P., Ruisch, B. C., Feygina, I., Monteiro, C. A., & Jost, J. T.（2016）. Motivated recall in the service of the economic system: The case of anthropogenic climate change. *Journal of Experimental Psychology*, *145*(6), 755–771.

[19] Weinstein, N. D.（1980）. Unrealistic optimism about future life events. *Journal of Personality and Social Psychology*,

39(5), 806–820.

[20] Koriat, A., Lichtenstein, S., & Fischhoff, B. (1980). Reasons for confidence. *Journal of Experimental Psychology: Human Learning and Memory*, *6*(2), 107–118.

[21] Svenson, O. (1981). Are we all less risky and more skillful than our fellow drivers? *Acta Psychologica*, *47*(2), 143–148.

[22] Slovic, P. (1987). Perception of risk. *Science*, *236*(4799), 280–285.

[23] Rozenblit, L., & Keil, F. (2002). The misunderstood limits of folk science: An illusion of explanatory depth. *Cognitive Science*, *26*(5), 521–562.

[24] Sloman, S., & Fernbach, P. (2017). *The knowledge illusion: Why we never think alone*. Riverhead Books（土方奈美訳『知ってるつもり：無知の科学』早川書房，2018 年）.

[25] Kruger, J., & Dunning, D. (1999). Unskilled and unaware of it: How difficulties in recognizing one's own incompetence lead to inflated self-assessments. *Journal of Personality and Social Psychology*, *77* (6), 1121–1134.

[26] Fisher, M., Goddu, M. K., & Keil, F. C. (2015). Searching for explanations: How the Internet inflates estimates of internal knowledge. *Journal of Experimental Psychology*, *144*(3), 674–687.

4章

[1] Stanovich, K. E., & West, R. F. (2000). Individual differences in reasoning: Implications for the rationality debate? *Behavioral and Brain Sciences*, *23*(5), 645–665.

[2] Kahneman, D. (2011). *Thinking, fast and slow*. Farrar, Straus and Giroux（村井章子訳『ファスト & スロー（上・下）』早川書房, 2012 年）.

[3] 長瀬勝彦（2008）『意思決定のマネジメント』東洋経済新報社．
[4] 発電コスト検証ワーキンググループ（2021）「基本政策分科会に対する発電コスト検証に関する報告（令和3年9月）」https://www.enecho.meti.go.jp/committee/council/basic_policy_subcommittee/mitoshi/cost_wg/pdf/cost_wg_20210908_01.pdf
[5] Thaler R. H., & Sunstein, C. R. (2021). *Nudge: The final edition*. Penguin Books（遠藤真美訳『NUDGE 実践 行動経済学（完全版）』日経 BP, 2022 年）.
[6] Kahneman, D., & Tversky, A. (1979). Prospect theory: An analysis of decision under risk. *Econometrica*, *47*(2), 263–291.
[7] 電気事業連合会ホームページ『原子力コンセンサス』https://www.fepc.or.jp/library/pamphlet/consensus/
[8] Freese, L.M., Chossiere, G.P., Eastham, S., Jenn A., & Selin, N.E. (2023). Nuclear power generation phase-outs redistribute US air quality and climate-related mortality risk. *Nature Energy*, *8*, 492–503.
[9] Bazerman, M. H., & Moore, D. A. (2012). *Judgment in managerial decision making* (8th Edition). Wiley.
[10] Slovic, P., Fischhoff, B., & Lichtenstein, S. (1982). Response mode, framing, and information-processing effects in risk assessment. In R. Hogarth (Ed.), *New directions for methodology of social and behavioral science: Question framing and response consistency* (pp. 21–36). Jossey-Bass.
[11] Tversky, A., & Kahneman, D. (1981). The framing of decisions and the psychology of choice. *Science*, *211*(4481), 453–458.
[12] Hasher, L., Goldstein, D., & Toppino, T. (1977). Frequency and the conference of referential validity. *Journal of Verbal Learning & Verbal Behavior*, *16* (1), 107–112.
[13] Zajonc, R. B. (1968). Attitudinal effects of mere exposure.

Journal of Personality and Social Psychology, *9*(2), 1-27.
[14] Bornstein, R. F., Kale, A. R., & Cornell, K. R. (1990). Boredom as a limiting condition on the mere exposure effect. *Journal of Personality and Social Psychology*, *58*(5), 791–800.
[15] Bornstein, R. F. (1992). Subliminal mere exposure effects. In R. F. Bornstein & T. S. Pittman (Eds.), *Perception without awareness: Cognitive, clinical, and social perspectives* (pp. 191–210). Guilford Press.
[16] Grush, J. E. (1976). Attitude formation and mere exposure phenomena: A nonartifactual explanation of empirical findings. *Journal of Personality and Social Psychology*, *33*(3), 281–290.
[17] Byrne, D., & Nelson, D. (1965). Attraction as a linear function of proportion of positive reinforcements. *Journal of Personality and Social Psychology*, *1*(6), 659–663.
[18] Cialdini, R. (2009). *Influence: Science and practice*. Prentice Hall（社会行動研究会訳『影響力の武器［第三版］：なぜ、人は動かされるのか』誠信書房，2014 年）.
[19] Downs, A. (1957). An economic theory of political action in a democracy. *Journal of Political Economy*, *65*(2), 135–150.
[20] Fishkin, J. S. (2009). When the people speak: *Deliberative democracy and public consultation*. Oxford University Press（曽根泰教監修，岩木貴子訳『人々の声が響き合うとき：熟議空間と民主主義』早川書房，2011 年）.
[21] 公正取引委員会（2021）「デジタル・プラットフォーム事業者の取引慣行等に関する実態調査（デジタル広告分野）について（最終報告）」https://www.jftc.go.jp/houdou/pressrelease/2021/feb/210217.html
[22] 松井亮太（2019）「原子力政策と民意：韓国で実施された討論型世論調査（DP）という意思決定手法」『海外電力』*61*(5), 16–32.

[23] 松井亮太（2020）「原子力政策の意思決定と討議デモクラシー：日韓の討論型世論調査の比較分析」『日本原子力学会和文論文誌』*19*(3), 136–146.
[24] 山梨県新型コロナワクチン専門相談ダイヤル https://www.pref.yamanashi.jp/kansensho/corona/sennmonnsoudann.html
[25] 大竹文雄（2019）『行動経済学の使い方』岩波書店．
[26] Sunstein, C. R. (2021). Sludge: *What stops us from getting things done and what to do about it*. MIT Press（土方奈美訳『スラッジ：不合理をもたらすぬかるみ』早川書房，2023 年）.
[27] Brehm, J. W. (1966). *A theory of psychological reactance*. Academic Press.
[28] エネルギー・環境の選択肢に関する討論型世論調査. https://www.cas.go.jp/jp/seisaku/npu/kokumingiron/dp/index.html
[29] 松井亮太（2021）「Wisdom of Crowds 論から考える討議デモクラシーの可能性」『日本原子力学会誌 ATOMOΣ』*63*(8), 600–604.

5章

[1] Reijula, S., & Hertwig, R. (2022). Self-nudging and the citizen choice architect. *Behavioural Public Policy, 6*(1), 119–149.
[2] Van Rookhuijzen, M., de Vet, E., Gort, G., & Adriaanse, M. A. (2023). When nudgees become nudgers: Exploring the use of self-nudging to promote fruit intake. *Applied Psychology. Health and Well-Being, 15* (4), 1714–1732.
[3] Bazerman, M. H., & Tenbrunsel, A. E. (2011). *Blind spots: Why we fail to do what's right and what to do about it*. Princeton University Press（池村千秋訳『倫理の死角：なぜ人と企業は判断を誤るのか』NTT 出版，2013 年）.
[4] 松井亮太（2022）「行動倫理」高浦康有・藤野真也（編著）『理

論とケースで学ぶ 企業倫理入門』(pp.67–80). 白桃書房 .
[5] 松井亮太・長瀬勝彦 (2022)「報酬と罰金が非倫理的行動に及ぼす影響：アナグラムを用いた実証研究」『日本経営倫理学会誌』*29*, 165–179.
[6] Tversky, A., & Kahneman, D. (1981). The framing of decisions and the psychology of choice. *Science*, *211*(4481), 453–458.
[7] 松井亮太 (2019)「東京電力のトラブル隠し事件と 2006 年以降の津波想定の比較分析：行動倫理学の観点から」『日本経営倫理学会誌』*26*, 117–133.
[8] Kahneman, D. (2011). *Thinking, fast and slow*. Farrar, Straus and Giroux (村井章子訳『ファスト & スロー (上・下)』早川書房, 2012 年).
[9] Edmondson, A. C. (2018). *The fearless organization: Creating psychological safety in the workplace for learning, innovation, and growth*. John Wiley & Sons (野津智子訳『恐れのない組織 :「心理的安全性」が学習・イノベーション・成長をもたらす』英治出版 , 2021 年).
[10] エイミー・ギャロ (2023).「心理的安全性とは何か、生みの親エイミー C. エドモンドソンに聞く 成長し続けるチームを育てる土台」『DIAMOND ハーバード・ビジネス・レビュー』2023 年 4 月 14 日.
[11] Kish-Gephart, J. J., Harrison, D. A., & Treviño, L. K. (2010). Bad apples, bad cases, and bad barrels: Meta-analytic evidence about sources of unethical decisions at work. *Journal of Applied Psychology*, *95*(1), 1–31.
[12] Tenbrunsel, A. E., Diekmann, K. A., Wade-Benzoni, K. A., & Bazerman, M. H. (2010). The ethical mirage: A temporal explanation as to why we are not as ethical as we think we are. *Research in Organizational Behavior*, *30*, 153–173.
[13] Mazar, N., Amir, O., & Ariely, D. (2008). The dishonesty of

honest people: A theory of self-concept maintenance. *Journal of Marketing Research*, *45*(6), 633–644.

[14] Kristal, A. S., Whillans, A. V., Bazerman, M. H., Gino, F., Shu, L. L., Mazar, N., & Ariely, D. (2020). Signing at the beginning versus at the end does not decrease dishonesty. *PNAS Proceedings of the National Academy of Sciences of the United States of America*, *117*(13), 7103–7107.

[15] Reyna, V. F. (2004). How people make decisions that involve risk: A dual-processes approach. *Current Directions in Psychological Science, 13*(2), 60–66.

[16] Yamagishi, K. (1997). When a 12.86% mortality is more dangerous than 24.14%: Implications for risk communication. *Applied Cognitive Psychology*, *11*(6), 495–506.

[17] Slovic, P., Monahan, J., & MacGregor, D. G. (2000). Violence risk assessment and risk communication: The effects of using actual cases, providing instruction, and employing probability versus frequency formats. *Law and Human Behavior*, *24*(3), 271–296.

6章

[1] 松井亮太 (2020)「失敗を許す社会へ」『日本原子力学会誌 ATOMOΣ』*62*(9), 527–531.

[2] Lupton, B., & Warren, R. (2018). Managing without blame? Insights from the philosophy of blame. *Journal of Business Ethics*, *152*, 41–52.

[3] 釘原直樹 (2011)『グループ・ダイナミックス：集団と群集の心理学』有斐閣.

[4] Edmondson, A. C. (1996). Learning from mistakes is easier said than done: Group and organizational influences on the detection and correction of human error. *Journal of Applied*

Behavioral Science, *32*(1), 5–28.
［5］Syed, M. (2015). *Black box thinking: The surprising truth about success*. Hachette（有枝春訳『失敗の科学：失敗から学習する組織，学習できない組織』ディスカヴァー・トゥエンティワン，2016 年）.
［6］Wildavsky, A. (1979). No risk is the highest risk of all. *American Scientist*, *67* (1), 32–37.
［7］松井亮太（2020）「集団思考（groupthink）とは何か：複合集団における集団思考の可能性」『日本原子力学会誌 ATOMOΣ』*62*(5), 272–276.
［8］Janis, I. L. (1982). *Groupthink: Psychological studies of policy decisions and fiascoes* (2nd ed.). Houghton Mifflin.
［9］野村康（2017）『社会科学の考え方：認識論、リサーチ・デザイン、手法』名古屋大学出版会 .
［10］戸部良一・寺本義也・鎌田伸一・杉之尾孝生・村井友秀・野中郁次郎（1991）『失敗の本質：日本軍の組織論的研究』中央公論新社 .

7章

［1］Kahneman, D., Sibony, O., & Sunstein, C. R. (2021). *Noise: A flaw in human judgment*. Hachette（村井章子訳『NOISE（上・下）』早川書房，2021 年）.
［2］Reijula, S., & Hertwig, R. (2022). Self-nudging and the citizen choice architect. *Behavioural Public Policy*, *6*(1), 119–149.
［3］Van Rookhuijzen, M., de Vet, E., Gort, G., & Adriaanse, M. A. (2023). When nudgees become nudgers: Exploring the use of self-nudging to promote fruit intake. *Applied Psychology. Health and Well-Being*, *15* (4), 1714–1732.
［4］松井亮太（2022）「行動倫理」高浦康有・藤野真也（編著）『理論とケースで学ぶ 企業倫理入門』(pp.67–80). 白桃書房.

［5］ Brugger, P., & Brugger, S. (1993). The Easter bunny in October: Is it disguised as a duck? *Perceptual and Motor Skills*, *76* (2), 577–578.

［6］ Bruner, J. S., & Minturn, A. L. (1955). Perceptual identification and perceptual organization. *Journal of General Psychology*, *53*, 21–28.

［7］ Gilbert, D. (2006). *Stumbling on happiness*. Alfred A. Knopf (熊谷淳子訳『明日の幸せを科学する』早川書房 , 2013 年).

［8］ Hastorf, A. H., & Cantril, H. (1954). They saw a game: A case study. *The Journal of Abnormal and Social Psychology*, *49* (1), 129–134.

［9］ Bazerman, M. H., & Moore, D. A. (2012). *Judgment in managerial decision making* (8th Edition). Wiley.

付録

［1］ 村上秀明・可児吉男・中村隆夫 (1986)「確率論的安全評価の利用」『日本原子力学会誌』*28*(12), 1122–1128.

［2］ 平野光将 (2000)「原子力発電所の確率論的安全評価 (PSA)」『消防科学と情報』*61*, 21–25.

【著者略歴】

松井亮太（まつい・りょうた）

山梨県立大学 国際政策学部 専任講師

国内電力会社および調査会社を経て現職。

専門は行動科学（行動意思決定論）とシステム思考。

東京都立大学博士後期課程修了。博士（経営学）。

大場恭子（おおば・きょうこ）

長岡技術科学大学技学研究院量子・原子力系准教授

専門は、技術者倫理、安全文化、原子力防災。

文部科学省原子力科学技術委員会委員。日本原子力学会理事。

不《ふ》合理《ごうり》な原子力《げんしりょく》の世界《せかい》

行動《こうどう》科学《かがく》と技術者倫理《ぎじゅつしゃりんり》の視点《してん》で考《かん》える安全《あんぜん》の新《あたら》しい形《かたち》

本体価格……二〇〇〇円

発行日……二〇二四年　四月一〇日　初版第一刷発行

著　者……松井《まつい》亮太《りょうた》・大場《おおば》恭子《きょうこ》

編集人……杉原　修

発行人……柴田理加子

発行所……株式会社 五月書房新社

東京都中央区新富二―一一―二

郵便番号　一〇四―〇〇四一

電　話　〇三（六四五三）四四〇五

ＦＡＸ　〇三（六四五三）四四〇六

ＵＲＬ　www.gssinc.jp

組　版……片岡　力

装　幀……今東淳雄

印刷／製本……モリモト印刷 株式会社

ISBN: 978-4-909542-59-5 C0036

五月書房の好評既刊

児童精神科医は子どもの味方か

米田倫康（のりやす）著

科学的な診断方法が確立されていない「発達障害」「精神疾患」について、専門家はあまりに安易な診断と処方を急ぎすぎていないか？　精神医療現場で起きている人権侵害の問題に取り組んできた著者が、緻密なデータを駆使して問題を分析。

2000円＋税　四六判並製

ISBN978-4-909542-47-2 C0047

アマゾンに鉄道を作る　大成建設秘録

電気がないから幸せだった。

風樹　茂著

1980年代、世界最貧国ボリビアの鉄道再敷設プロジェクトに派遣された数名の日本人エンジニアと一名の通訳。200％のインフレ、週に一度の脱線事故、日本人上司と現地人労働者との軋轢のなか、アマゾンに鉄道を走らせようと苦闘する男たちの記録。

2000円＋税　四六判並製

ISBN978-4-909542-46-5 C0033

女たちのラテンアメリカ　上・下

伊藤滋子著

男たちを支え／男たちと共に／男たちに代わって、社会を守り社会と闘った中南米のムヘーレス（女たち）43人が織りなす歴史絵巻。ラテンアメリカは女たちの〈情熱大陸〉だ！

【上巻】（21人）

◉コンキスタドール（征服者）の通訳をつとめた先住民の娘

◉荒くれ者として名を馳せた男装の尼僧兵士

◉夫に代わって革命軍を指揮した妻

◉許されぬ恋の逃避行の末に処刑された乙女……

2300円＋税　A5判上製

ISBN978-4-909542-36-6 C0023

【下巻】（22人）

◉文盲ゆえ労働法を丸暗記して大臣と対峙した先住民活動家

◉32回もの手術から立ち直り自画像を描いた女流画家

◉貧困家庭の出から大統領夫人になったカリスマレディ

◉チェ・ゲバラと行動を共にし暗殺された革命の闘士……

2500円＋税　A5判上製

ISBN978-4-909542-39-7 C0023

緑の牢獄

沖縄西表炭鉱に眠る台湾の記憶

黄《コウ》インイク著、黒木夏兒訳

台湾から沖縄・西表島へ渡り、以後80年以上島に住み続けた一人の老女。彼女の人生の最期を追いかけて浮かび上がる、家族の記憶と忘れ去られた炭鉱の知られざる歴史。ドキュメンタリー映画『緑の牢獄』で描き切れなかった記録の集大成。

1800円＋税　四六判並製

ISBN978-4-909542-32-8 C0021

三階

あの日テルアビブのアパートで起きたこと

小説

エシュコル・ネヴォ著、星 薫子訳

舞台はイスラエル、どこにでもある普通の家庭の話なのだが……。小気味良いテンポで、サスペンス映画のように物語は進行する。それにしても、あの日あの場所で何が起きたのか？　そして感動のクライマックスへ！　イタリア映画『三つの鍵』の原作。

2300円＋税　四六判並製

ISBN978-4-909542-42-7 C0097

ゼアゼア

小説

トミー・オレンジ著、加藤有佳織訳

分断された人生を編み合わせるために、全米各地からオークランドのパウワウ（儀式）に集まる都市インディアンたち。かれらに訪れる再生と祝福と悲劇の物語。アメリカ図書賞、PEN／ヘミングウェイ賞受賞作。

2300円＋税　四六判上製

ISBN978-4-909542-31-1 C0097

杉原千畝とスターリン

ユダヤ人をシベリア鉄道に乗せよ！　ソ連共産党の極秘決定とは？

石郷岡（いしごおか）建著

スターリンと杉原千畝を結んだ見えざる一本の糸。イスラエル建国へつながるもう一つの史実！　新たに発見された〈命のビザ〉をめぐるソ連共産党政治局の機密文書を糸口に、英独露各国の公文書を丁寧に読み解く。

3500円＋税　A5判並製

ISBN978-4-909542-43-4 C0022